中国地景文化史纲图说

An Illustrated Outline History of Chinese Landscape Culture

佟裕哲　刘晖　编著
Tong Yuzhe　Liu Hui

中国建筑工业出版社

图书在版编目（CIP）数据

中国地景文化史纲图说／佟裕哲，刘晖编著．—北京：中国建筑
工业出版社，2012.9
ISBN 978-7-112-14426-6

Ⅰ．①中…　Ⅱ．①佟…②刘…　Ⅲ．①自然地理－景观－文化－
中国　Ⅳ．① P942

中国版本图书馆 CIP 数据核字（2012）第 145681 号

　　中国地景文化源远流长，它不仅是风景园林学的基础理论，同时也是城市规划建筑
设计与设计结合自然的理论基础。本书内容包括中国自然地理景观的类型与特征；历代
历史人物、学者对中国地景文化的认知与论述；中国古代都邑环境相地选址与规划实
例；中国古代历史苑园因借自然选址实例；中国古代林、陵、墓地选址实例等。

　　本书可供广大风景园林设计师、建筑师、规划师、城乡规划管理者、地理学工作
者、文化遗产保护者、文化学者以及建筑院校师生学习参考。

责任编辑：吴宇江
责任设计：陈　旭
责任校对：姜小莲　陈晶晶

中国地景文化史纲图说

佟裕哲　刘晖　编著

＊

中国建筑工业出版社出版、发行（北京西郊百万庄）
各地新华书店、建筑书店经销
北京嘉泰利德公司制版
北京画中画印刷有限公司印刷

＊

开本：880×1230毫米　1/16　印张：12　字数：380千字
2013年2月第一版　2013年2月第一次印刷
定价：90.00元
ISBN 978-7-112-14426-6
　　（22475）

序

　　佟裕哲教授在 20 世纪 90 年代，先后出版了《陕西古代景园建筑》、《新疆自然景观及苑园》和《中国景园建筑图解》等三本书，在 2010 年进一步完成了《中国地景文化史纲图说》的手稿。这本书分析了古代地理景象，与居住文化及囿、苑、园三个方面的历史起源和演进过程，并探讨了与之相关的理论问题。

　　本书不仅有历史文献和理论的梳理，更重要的是佟裕哲教授亲自到实地调查测绘，对测绘图予以分析和评价，这是十分不容易的。尤其是他扎根于西部 50 多年，对周、秦、汉、唐遗留下的景园遗迹进行挖掘、整理，总结其类型和基本理论体系，让人们在了解江南园林、北方园林和岭南园林的同时，认识到西部园林的价值。佟裕哲教授几十年如一日的执著追求和严谨的治学精神值得当代学人学习！

　　我相信，《中国地景文化史纲图说》一书的出版，对于学界进一步认识西部地景遗产的价值，认识中国地景文化发展的脉络具有十分重要的意义。是为序。

吴良镛

2010 年 12 月 31 日

自 序

风景园林学科是建立在广泛的自然科学与人文艺术基础上的应用学科，是人居环境科学三大支柱（建筑学、城乡规划学、风景园林学）之一，也是21世纪人居环境建设的引领学科（国家一级学科）。

一、中国风景园林学科的主要理论内涵源自中国地景文化

依据古代文献记载，距今约5000年前伏羲氏绘制八卦，辨识东南西北方位，认定天地水火山泽风雷八种自然物质与自然景象的活动。这是地景文化的启蒙阶段。

3250年前西周文王（姬昌，又名西伯）被囚禁在汤阴羑（音yǒu）里（今河南）期间，继伏羲氏续演《周易》，以穷探天人之理。周公继之作爻辞，孔子作系辞，子夏、邹衍、荀况、京房、管辖等代代有人探索续写。《周易大传》中提出"形"与"象"的美学概念，"在天成象，在地成形"，卦爻中呈现山川、风云、雷雨及物体的自然景象等均有记载。

2250年前战国时代《荀子·强国》记载，孙卿子对秦地秦川所作评述中，"其固塞险，形势便，山林川谷美，天材之利多，是形胜也"，实质上是那个时代对自然景观与自然资源的一种认识。而"形胜"已属于地景文化的一种理念。

公元220～280年东汉三国时期管辖所著《地理指蒙》进一步阐述了"相土度地"并以龙的形象去象征山岳、河川：将山岭、湖泽、森林视为国家宝藏，将山岳、河川自然景象的近形与远势视为"形胜"，将适宜于人居的缓地、坦地、台地视为明堂（宜居佳地）。管辖把景观"形胜"理念与人文心理观念相融合，使中国地景文化登上了风水学的殿堂。

公元581～860年间隋唐两代统一中国的时期，帝王离宫、都城、陵墓等工程，广泛采用"形胜"地景文化理念，设计因借自然理念，创建了"笼山为苑"，"冠山抗殿"，"包山通苑，疏泉抗殿"，"因山借水"，"因山为陵"等设计方式。明清两代又延续了"依山为陵，群墓笼合"，以及"冠山抗宫"、"前城后园"（布达拉宫）等设计方式，创造了帝王工程、宫观寺院工程与自然山水环境融为一体；人居环境与地景文化、人文心理风水与美学融为一体的大空间营建实例。公元1368年以后，明代造园家计成所著《园冶》反映了江南宅园小空间"壶中天地"的造园盛况。明清以来的中国宅与园始终融为一体。这些时期的建筑遗存、遗迹，规模宏伟，合形辅势，多为成功之作。至公元2010年已有30余处被录入世界文化遗产和自然遗产名录。英国科学史泰斗李约瑟（J. Needham）曾说："皇陵在中国建筑形制上是一个重大的成就，它整个图案内容，也许就是整个建筑部分与风景艺术相结合的最伟大的例子。"

二、人居文化与地景文化相携发展

黄帝时代（距今约4700年前）教民伐材构筑宫室，把6000年前半坡村时代（仰韶文化）

阴暗潮湿的半穴居生活，提升到地面以上，构筑"上栋下宇，以待风雨"的宫室房屋。这是住文化上的一个飞跃。夏禹时代治洪成功，又使中国39%的平地上的洪水疏入东海，从而为民得到"下丘居土"发展农业并在平地上定居，推动了邑、镇、城市的发展。

历史进入21世纪，我们面临着国土生态环境保护及土地利用规划、城市人居环境改善等新的课题。2010年又遇到世界气候变暖带来的自然灾害。我们将重新审视宜居地的内涵外因，探讨节能、节地与防灾措施，共同推动人居环境科学与地景文化、风景园林文化的协调与发展。

综上所述，本书厘清了两个问题：一是以人居环境为主线，城市、建筑、地景园林三位一体紧密相连，但住文化在先，聚居城市在后，人工景园次之；二是以地景文化为主线，它不仅是风景园林学的基础理论，还是城市建筑设计的理论基础，因为地景文化除了是"形胜"、"风水"美学的内涵之外，它还具有现代生态环境平衡的理念。使我们认识到当今世界人居环境科学的重要性，同时认识到地景文化也是人居环境科学的内涵。

本书是在《中国地景建筑理论》[①]的基础上，进一步研究修改补充后的成果。刘晖教授对中西方地景文化发展过程中的差异性做了研究，并结合研究课题充实了汉唐两章内容。在她提出的大框架上，我们重新进行了编写。

本书所用文字不多，但实例考证，现场测绘，查阅文献，梳理史料花费的时间较长，这是胡适治史观[②]对著者的约束。

研究地景文化涉及历史。早年受前辈学者梁思成先生所著《中国建筑史》及1983年童寯先生著《造园史纲》的启示，开始阅读园林方面的课题，并注意研究中国地景文化发展过程的连续性。

进入21世纪，吴良镛先生在其《广义建筑学》中提出"人居环境科学"，在他所著《人居环境科学导论》一书中，阐述了"地景"的词义并提出中国古代的人居环境即是"建筑、地景、城市规划三位一体"的综合创造，启迪我们逐渐认识到中西人居文化发展过程的差异，挖掘与整理丰富多彩的中国地景文化，这个工作极为重要与迫切。偶读清代严复名句"夫古人发起端，而后人莫能尽其绪，古人拟其大，而后人未能议其精"，深感吾辈学人责任之重。在梁思成先生守拙精神和锲而不舍精神感召下，吾与后辈师生终于在西安建筑科技大学（原唐长安亲仁坊）完成此书。

本书在编写过程中遇到地景文化与相关学科关系等理论问题曾请教吴良镛先生并得到吴先生的悉心指教，在此致以诚恳的感谢！本书定稿过程，得到王树声教授协助审阅，在此致以衷心的感谢！

本书第五章唐华清宫苑实例内容由董芦笛老师协助编写，并有本科生王迪、杨莉，研究生董笑岩、周旭、王树国、符英、张颖、胡仁峰、杨波、侯遐闻等参与部分实例考察和绘图工作，在此也表示诚挚的感谢！

本书所编附录一（历代历史人物、学者对中国地景文化的认知与论述一览表）中推荐录入的近现代三位学者，以及本书中参考文献中所选引的著作，本人未能做到拜访求教并得到作者的同意，在此表示感谢并致歉意。由于编书条件及本人学术水平所限，不足之处请学者专家指正。

佟裕哲 于西安

2011年7月18日

---

① 《中国园林》2003年第8期刊出，作者佟裕哲、刘晖。

② "有一分证据，只可说一分话。有三分证据，然后可说三分话，治史者可以作大胆的假设，然而绝不可作无证据的概论也。"出自胡适写给历史学家罗尔纲的一封信。

目　录

上篇　中国地景文化史纲

一、启蒙时期——前人对古代地理景象的感知与认识

（一）羲皇时代（约5000年前）

据唐代史学家司马贞作《史记索隐》补撰及《三皇本纪》等古籍记载，伏羲氏出生于天水成纪（今甘肃东部嘉陵江上游），其母华胥氏故里于阆中（今四川嘉陵江中上游）。

羲皇时代与甘肃大地湾、西安半坡村所在渭河流域的仰韶和龙山文化是一脉相承，并逐渐形成了中华民族初期的启蒙文化，其时代特征为："画八卦，以佃以渔，造书契，代结绳为政；制嫁娶，以俪皮为礼，立九部，设九佐，以龙纪官，号曰龙师；禅于伯牛，钻木取火，教民熟食；制历法，定节气，消息祸福，以制凶吉；尝百药，制九针，以丞夭疾；制琴瑟、作乐章，立占筮之法等。"[①]

1. 八卦图示是这个时期最有特征的文化，是伏羲氏对地理景象——天、地、水、火、山、泽、风、雷等八种物质性质与景象特征，试作命名分类，并以南向为主，标定了中国地理四向位置。西汉末纬书《易纬》中《周易乾凿度》中描述："方上古之时，人民无别，群物无殊，未有衣食器用之利。于是伏羲乃仰观象于天，俯观法于地，中视万物之宜，始作八卦。以通神明之德，以类万物之情。"根据孔子时代所作《周易大传·系辞》的记述，可以认为它是中国早期人类感知天象、地貌地文，辨识方位，以及界定人居与天、地三者之间相互关系的指蒙性文化。《易经》八卦学后来成为中国的相地学、堪舆学（堪，天道也；舆，地道也）和风水学的理论。而羲皇之母华胥氏故里阆中，又是古代最为典型的风水城市，看来这些文脉的相继与延续并非是偶然，可能是古代文化积淀过程的一种规律。先天八卦（伏羲八卦）与后天八卦（周文王八卦）的宇宙观理论是相同的，古人认为太极

是最原始的宇宙（现代所说的原始混沌状态），然后生两仪（阴阳），再生四象（太阳、少阴、少阳、太阴），四象生八卦（坤、艮、坎、巽、震、离、兑、乾），这些都是在古人观察宇宙各种景象过程发现的，其中最引起古人注意的是坤（地）和乾（天），因为天地之间的各种元素或物质多有各自的性质与特征现象。

2. 先天八卦的理念是依据《河出图》。有学者说河图与洛书是中国古代的天文与地理方位图，是阴阳五行术数之源。中国《尚书》最早记述了伏羲氏以后各帝王认识宇宙、天文、地理及人文历史实例。伏羲、神农、黄帝之书称"三坟"（言大道也）。少昊、颛顼、高辛、唐、虞之书叫"五典"（言常道也）。夏、商、周之书称为大训。

3. 八卦之说谓之"八索"（求索、探索之意）。九州之志（记述中国的版图、山文、水文、气象、土地资源、地理等）称"九丘"。

实际"三坟"、"五典"、"八索"、"九丘"是古人接触自然的感知、认识自然环境的历史记述，也是中国古代的文化与文明。

4. 八索是伏羲氏时代的八卦，也称先天八卦（也叫先天易经，周易以前还称连山，归藏）。刘歆著《汉书·五行志》中："伏羲氏继天而王，受河图而画之，八卦是也。"《河图》阴阳未分。其取象为先天流行之气。先天八卦认为天以始生言之，故阳上阴下，尊卑仪也。先天八卦乾（天）在上（方位南），坤（地）在下（方位北）。它告诉人们天地之间就是八大现象在变化。艮（山）在西北，中国西北高原高山多。兑（水）在东南方位，中国东南海洋多。巽（风）在西南，中国西南印度洋暖流多，自古长安西风雨，是西南来的风。所以伏羲氏先天八卦图很符合古代人类观察宇宙的现象和记录，也很符合中国的地形、地理。[②]

---

① 霍想有主编．伏羲文化 [M]．北京：中国社会出版社，1994．
② 南怀瑾著．易经杂说 [M]．北京：中国世界语出版社，1996．

《周易·系辞上传》:"《易》与天地准,故能弥纶天地之道"。《周易·乾文》:"夫大人者,与天地合其德,与日月合其明,与四时合其序。与鬼神合其吉凶,先天而天弗违,后天而奉天时。"[①]这里阐述了古人对八卦中的自然要素的感知。清代的严复将西学与中学对应起来,发现《周易》是以逻辑学和数学为经,以化学和物理学为纬。宇宙之间,凡是物理学所研究的都属于"乾"(天),凡是化学所研究的则属于"坤"(地)的范围。把古人的感知提升到科学思维而成为有用的知识。

(二)黄帝时代(约 4500 年前)

包括炎帝文化,史上又称炎黄文化。黄帝,姓公孙,名轩辕。"黄帝居轩辕之丘,邑于涿鹿之阿,迁徙往来无常处,以师丘为营卫。""下洛城东南六十里,有涿鹿城城东一里有阪泉,泉上有黄帝祠。"[②]

黄帝联合炎帝,战胜蚩尤(史称涿鹿之野),后又统一中原部落(史称黄帝天子),融合黄河中下游直至长江流域的众多部落,建立了华夏民族初期文明。其时代文化特征是:制衣冠,造舟车,养蚕桑,创文字,建医学,定算数,发明指南车,冶铸铜器,筑宫室等。其中仓颉造字,筑作宫室以及建立天地人合一理论是其时代最为凸显的文化。《周易·系辞下传》:"上古穴居而野处,后世圣人易之以宫室。上栋下宇,以待风雨。"黄帝时代开始将古人从半穴居提升至地面以上,为民解决了穴居阴暗潮湿之苦,推进了住文化的发展。黄帝立为天子之后,曾赴崆峒山问至道于广成子。广成子说:"彼其物无穷,人皆以为有终;彼其物无测,而人皆以为有极。今夫百昌皆生于土而反于土,故余将去,一入无穷之门,以游无极之野。吾与日月参光,吾与天地为常。"[③]

1. 纵观三皇文化(伏羲氏、神农氏、轩辕氏)一脉相承,至黄帝时期进一步阐明了天、地、人(三才)之间的关系。可以认为广成子论"至道"(庄子·在宥),是中国天地人合一哲理的立论和启蒙时期。天地人合一哲理后来成为中国风景园林学主要的原理。北宋哲学家张载著《正蒙》对天人合一有进一步论述。

2. 夏禹时代(约 4000 年前),大禹治水成功,人民得到下丘居土(平地)。《史记·夏本纪第二》:"当帝尧之时,洪水滔天,浩浩怀山襄陵,下民其扰。"鲧治水九年失败,禹继承先父鲧,"居外 13 年,过家门不入,陆行乘车,水行乘船,泥行乘橇,山行乘檋(音 jú,车类)。以开九州,通九道,陂九泽,度九山。"《孟子·滕文公下》:"降水者,洪水也。禹掘地而注之于海,江、淮、河、汉是也……然后人得平土而居之。"大禹治水成功后,平地上的农业和人居邑、都得到迅速发展。平土及平地或称川地,约占国土总面积的 39%。

3. 从《诗经·秦风·终南》、《诗经·小雅·南山有台》中卷阿、嵩高、泮水、灵台、公刘率部族迁豳等诗句的记载中,发现周人对自然资源的利用和对自然景观的观察感知已相当进步。周文王建灵台、灵沼和灵囿,圈养动物,观赏自然景物,可能是中国最早的人工景观概念的出现。

(1)对自然资源的观察和利用。

《诗经·秦风·终南》诗中"终南何有,有纪有堂(枸杞和海棠)",有莱、桑、杨、杞、李、栲、枸等。

(2)对自然景物观察和美学上的评定。

《诗经·大雅·崧高》诗中"崧高维岳(中岳嵩山,东岳泰山,南岳衡山,西岳华山,北岳恒山),骏极于天(高耸入云霄)"。在汉武帝定五岳前,西周时代已有认知。《诗经·卷阿》诗中写道:"有卷者阿,飘风自南,岂弟君子,来游来歌,以矢其音。"卷阿在陕西岐山县凤凰山之阳,是指三面环山,开口面南,中有泉水,且适于游乐休息的地貌环境。可以认定这是古人依托自然景观进行旅游的开端。

(3)因借自然地势、景象选择都邑城址,或建造宫廷、园囿。

《诗经·大雅·公刘》记载了公刘(即周太王)率部族迁豳(音 bīn)的诗句(约 3800 年前):

于胥斯原(踏勘山原)

陟则在巘(登上山峦)

① 辛介夫.《周易》解读 [M]. 西安:陕西师范大学出版社,1998.

② 王国维. 水经注校 [M]. 上海:上海人民出版社,1984.

③ 张玉良主编. 庄子·在宥篇 [M]. 西安:三秦出版社,1990.

复降在原（又下到川原）

逝彼百泉（众泉喷出的水源）

瞻彼溥原（眺望广阔的川原）

乃陟南冈（又登上了南冈）

乃觏于京（从京邑的地点向四面瞭望）

于京斯依（决定选此地为京邑，作安身之地）

既景乃冈（登山观测日影，以定方位）

豳居允荒（豳地作为京邑，地域宽广）

于豳斯馆（决定在豳地建京邑和修建房屋）

从上述的《诗经》中诗句所用的名词与内涵，发现周代对自然的山、山峦、川原、卷阿山、五岳山、泉水水源、川流等自然资源及景观要素，有进一步的观察发现并有所利用。

在公刘时代（约3800年前）已经产生了利用自然要素和景象去选定都邑或宅址。应认定它是堪舆相地学的开端。

（三）周文王时代（约公元前1250年间）

周文王继伏羲氏八卦续演《周易》穷探天人之理，是个重大的进展。德国哲学家莱布尼茨发现中国典籍《周易》的六十四卦表现出"二进制"，他认为中国有望成为全球科学领域中的新成员。

周公时代（约公元前1200年间）利用"卷阿"的自然景色作为游歌及休憩的场所，是中国风景旅游的开端。囿的观赏功能的园林类型建筑，也出现在这个时期。《周礼·地官司徒第二》中：已有大司徒、山虞、林衡、川衡、泽虞、囿人、场人等山水林囿管理制度或设置。《周语》记载：不堕山（不毁坏山林），不崇薮（不填埋沼泽），不防川（不障阻河流），不窦泽（不决开湖泊）。

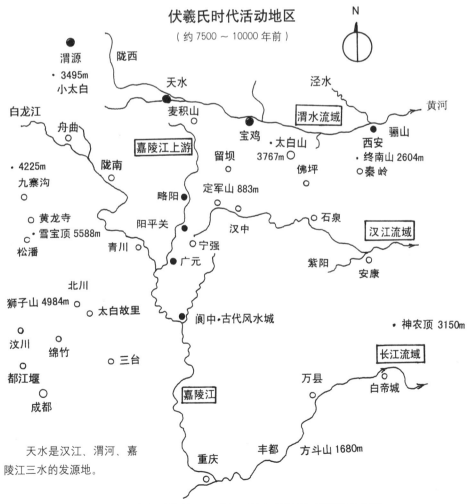

天水是汉江、渭河、嘉陵江三水的发源地。

图1-1　古人对自然景观感知及认知的过程（伏羲氏时代）

伏羲氏八卦图
周文王八卦图
四合院宅文化
汉字文化
秦人兴起
盛唐文化

文化起源地

中国古代西部三水（嘉陵、渭水、汉水总称天水）发源地与伏羲氏、华胥氏、底蕴文化。

图 1-2 伏羲氏八卦图——地景文化起源地（佟裕哲绘图）

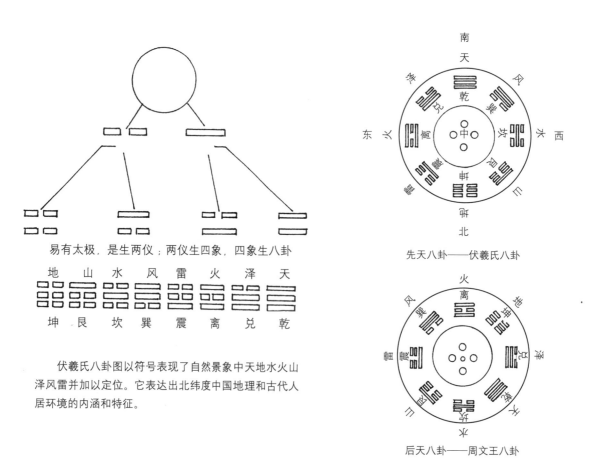

易有太极，是生两仪；两仪生四象，四象生八卦

地 山 水 风 雷 火 泽 天
坤 艮 坎 巽 震 离 兑 乾

伏羲氏八卦图以符号表现了自然景象中天地水火山泽风雷并加以定位。它表达出北纬度中国地理和古代人居环境的内涵和特征。

先天八卦——伏羲氏八卦

后天八卦——周文王八卦

图 1-3 伏羲氏先天八卦图创立了阴阳及八种物质的符号和方向定位

阆中治城图　清道光年间绘

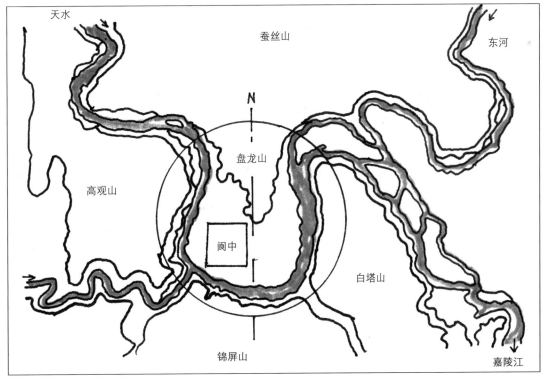

图1-4　嘉陵江中游阆中是羲皇之母华胥氏故里

图 1-5 天水市内的羲皇故里遗存

图 1-6 正殿一画开天（指伏羲氏画八卦图）

图 1-7　天水东侧的平凉崆峒山（传公元前 2690 年黄帝向广成子问至道于此）

图 1-8　天水附近的麦积山（公元 150 ～ 200 年刻有佛教石窟）（佟裕哲摄）

图 1-9　崆峒山对面的唐塔

图 1-10　崆峒山下轩辕黄帝向广成子问至道原亭遗址

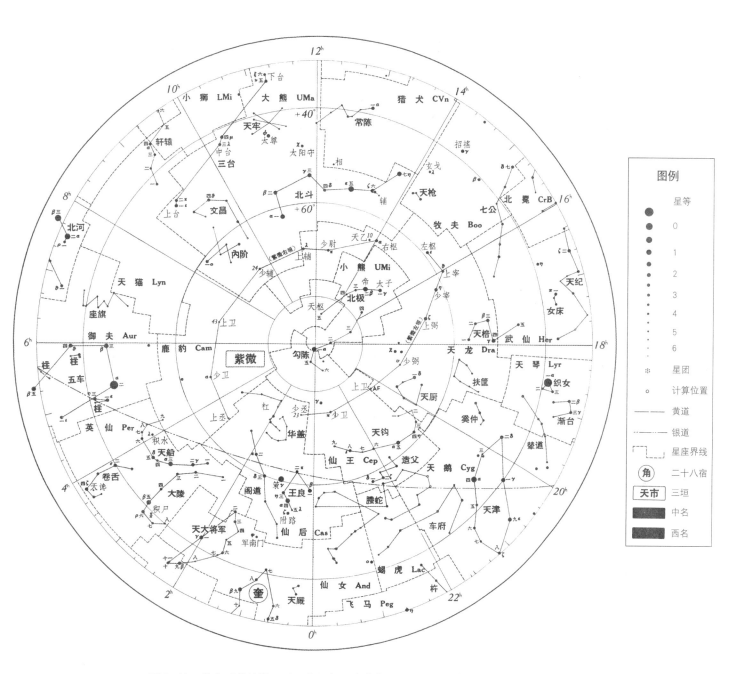

图1-11　黄帝时代的堪天（天象）与西方古代天文比图（引自《考古》1975年第7期）

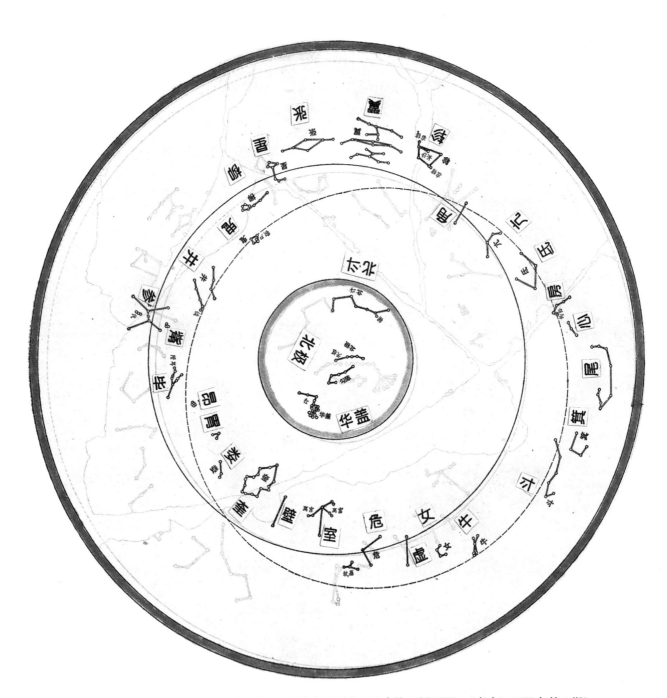

图 1-12　中国古代堪天廿八宿星名图（引自伊世同著《最古的石刻星图》，《考古》1975 年第 1 期）

《天文图》说明

① 本图中名主要是依据《仪象考成》等有关星表绘制的，受图幅限制，一些较暗的星和星座没能列入。

② 西名依据国际通用的有关规定或惯例。

③ 《仪象考成》星名考定的主要依据为《步天歌》。其中有些有问题，也有些位置找不到对照星。考虑到《仪象考成》等有关星表已成为我国传统星名的主要依据，除对有把握的几颗星略加调整外，没有大的改动。找不到对照星则标明计算位置以供参考。

④ 古代观测数据不够精确，有关资料在承传过程中也容易产生讹误和其他变动，但主要的亮星和星座变动较小，可以把亮星和一些主要星座（如廿八宿等）作为探索历代星象的基础。

⑤ 图中廿八宿的距星即某宿的一号星（在不同历史时期，个别距星也有所变动，引用时要注意）。

附：廿八宿中西星名对照表

中名	西名	中名	西名
角宿一	67 α Vir	斗宿五	40 τ Sgr
角宿二	79 ζ Vir	斗宿六	38 ζ Sgr
亢宿一	98 κ Vir	牛宿一	9 β Cap
亢宿二	99 ι Vir	牛宿二	6 α_2 Cap
亢宿三	105 φ Vir	牛宿三	2 ξ_2 Cap
亢宿四	100 λ Vir	牛宿四	10 π Cap
氐宿一	9 α_2 Lib	牛宿五	12 o Cap
氐宿二	24 ι Lib	牛宿六	11 ρ Cap
氐宿三	38 γ Lib	女宿一	2 ε Aqr
氐宿四	27 β Lib	女宿二	6 μ Aqr
房宿一	6 π Sco	女宿三	4 Aqr
房宿二	5 ρ Sco	女宿四	3 k Aqr
房宿三	7 δ Sco	虚宿一	22 β Aqr
房宿四	8 $\beta_{1,2}$ Sco	虚宿二	8 α Equ
[钩钤一]	9 ω_1 Sco	危宿一	34 α Aqr
[钩钤二]	10 ω_2 Sco	危宿二	26 ϑ Peg
心宿一	20 σ Sco	危宿三	8 ε Peg
心宿二	21 α Sco	[坟墓一]	55 $\zeta_{1,2}$ Aqr
心宿三	23 τ Sco	[坟墓二]	48 γ Aqr
尾宿一	μ_1 Sco	[坟墓三]	62 η Aqr
尾宿二	26 ε Sco	[坟墓四]	52 π Aqr
尾宿三	$\zeta_{1,2}$ Sco	室宿一	54 α Peg
尾宿四	η Sco	室宿二	53 β Peg
尾宿五	ϑ Sco	[离宫一]	47 λ Peg
尾宿六	ι_1 Sco	[离宫二]	48 μ Peg
尾宿七	κ Sco	[离宫三]	43 o Peg
尾宿八	35 λ Sco	[离宫四]	44 η Peg
尾宿九	34 υ Sco	[离宫五]	62 τ Peg
[神宫]	NGC 6231 Sco	[离宫六]	68 υ Peg
箕宿一	10 γ Sgr	壁宿一	88 γ Peg
箕宿二	19 δ Sgr	壁宿二	21 α And
箕宿三	20 ε Sgr	奎宿一	38 η And
箕宿四	η Sgr	奎宿二	34 ζ And
斗宿一	27 φ Sgr	奎宿三	65 i Psc
斗宿二	22 λ Sgr	奎宿四	30 ε And
斗宿三	13 μ Sgr	奎宿五	31 δ And
斗宿四	34 σ Sgr	奎宿六	29 π And

中名	西名	中名	西名
奎宿七	35 ν And	鬼宿四	47 δ Cnc
奎宿八	37 μ And	[积尸]	NGC2632 M44 Cnc
奎宿九	43 β And	柳宿一	4 δ Hya
奎宿十	76 Psc	柳宿二	5 σ Hya
奎宿十一	83 τ Psc	柳宿三	7 η Hya
奎宿十二	91 I Psc	柳宿四	13 ρ Hya
奎宿十三	90 υ Psc	柳宿五	11 δ Hya
奎宿十四	85 φ Psc	柳宿六	16 ζ Hya
奎宿十五	84 χ Psc	柳宿七	18 ω Hya
奎宿十六	74 ψ_1 Psc	柳宿八	22 ϑ Hya
娄宿一	6 β Ari	星宿一	30 α Hya
娄宿二	5 $\gamma_{1,2}$ Ari	星宿二	31 τ_1 Hya
娄宿三	13 α Ari	星宿三	32 τ_2 Hya
胃宿一	35 Ari	星宿四	35 ι Hya
胃宿二	39 Ari	星宿五	27 P Hya
胃宿三	41 c Ari	星宿六	26 Hya
昴宿一	17 Tau	星宿七	GC13148 Hya
昴宿二	19 q Tau	张宿一	39 υ_1 Hya
昴宿三	21 Tau	张宿二	41 λ Hya
昴宿四	20 Tau	张宿三	42 μ Hya
昴宿五	23 Tau	张宿四	GC13839 Hya
昴宿六	25 η Tan	张宿五	38 κ Hya
昴宿七	27 Tau	张宿六	φ_1 Hya
毕宿一	74 δ Tau	翼宿一	7 α Crt
毕宿二	68 Tau	翼宿二	15 γ Crt
毕宿三	61 δ Tau	翼宿三	27 ζ Crt
毕宿四	54 γ Tau	翼宿四	13 λ Crt
毕宿五	87 α Tau	翼宿五	ν Hya
毕宿六	77 ϑ_1 Tau	翼宿六	30 η Crt
毕宿七	71 Tau	翼宿七	12 δ Crt
毕宿八	35 λ Tau	翼宿八	24 ι Crt
[附耳]	92 σ_2 Tau	翼宿九	16 κ Crt
觜宿一	39 λ Ori	翼宿十	14 ε Crt
觜宿二	37 φ_1 Ori	翼宿十一	$\left(\begin{smallmatrix}11^h06^m4\\-11°38'\end{smallmatrix}\right)$ Crt
觜宿三	40 φ_2 Ori	翼宿十二	GC15173 Crt
参宿一	50 ζ Ori	翼宿十三	21 ϑ Crt
参宿二	46 ε Ori	翼宿十四	GC16178 Crt
参宿三	34 δ Ori	翼宿十五	$\left(\begin{smallmatrix}11^h25^m8\\-19°43'\end{smallmatrix}\right)$ Crt
参宿四	58 α Ori	翼宿十六	11 β Crt
参宿五	24 γ Ori	翼宿十七	$\left(\begin{smallmatrix}11^h26^m4\\-21°33'\end{smallmatrix}\right)$ Crt
参宿六	53 κ Ori	翼宿十八	$\left(\begin{smallmatrix}11^h23^m0\\-25°37'\end{smallmatrix}\right)$ Hya
参宿七	19 β Ori	翼宿十九	$\left(\begin{smallmatrix}11^h16^m4\\-25°59'\end{smallmatrix}\right)$ Hya
[伐一]	42 c Ori	翼宿二十	χ_1 Hya
[伐二]	43 ϑ_2 Ori	翼宿二一	$\left(\begin{smallmatrix}11^h40^m1\\-24°36'\end{smallmatrix}\right)$ Crt
[伐三]	44 ι Ori	翼宿二二	$\left(\begin{smallmatrix}11^h50^m1\\-23°21'\end{smallmatrix}\right)$ Crt
井宿一	13 μ Gem	轸宿一	4 γ Crv
井宿二	18 ν Gem	轸宿二	2 ε Crv
井宿三	24 γ Gem	轸宿三	7 δ Crv
井宿四	31 ξ Gem	轸宿四	9 β Crv
井宿五	27 ε Gem	[右辖]	1 α Crv
井宿六	36 d Gem	[左辖]	8 η Crv
井宿七	43 ζ Gem	[长沙]	5 ζ Crv
井宿八	54 λ Gem		
[钺]	7 η Gem		
鬼宿一	31 ϑ Cnc		
鬼宿二	33 η Cnc		
鬼宿三	43 γ Cnc		

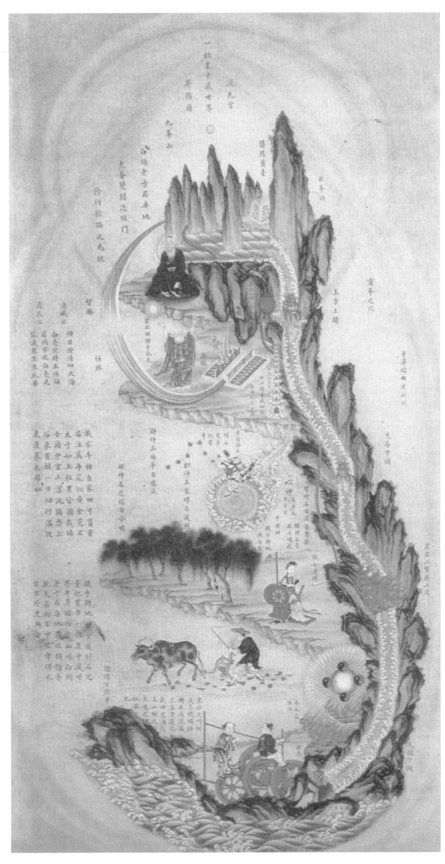

图1-13 黄帝内经中人与自然
的奥秘

岩画是铁器产生以后的时期（公元前 600 年以后）发展起来的。我国新疆天山、内蒙古阴山、宁夏贺兰山都有岩画。

6000 年前西安半坡村遗址陶器上的符号和彩陶画图形。从符号和彩绘图形，再结合半坡遗址台地下临产、坝两水，可证实是渔猎生活为主产生的符号文化。

金文、象形字

日	马	鱼
月	水	渔

5000 年前黄帝的史官仓颉〔仓圣〕继承 6000 年前仰韶文化时期人类的符号文化，进一步借助描绘自然而产生的初期象形文字文化。仓颉所造 28 个鸟迹书可以看出有的字是观物取象（象形字创造的思维方法），但有的则已进入取意（社会伦理、物理）象形。说明已高于 6000 年前的符号文化。

鸟迹书石碑藏于陕西白水县仓圣庙内，梁善长修仓圣鸟迹书（1986 年 8 月佟裕哲临碑并引白水县志注释）。

鸟迹书

矛　受　名　列　首　戊
釜　赤　左　世　共　巳
市　水　互　式　友　甲
尊　　　气　所　乙
戈　家　光　止　居

篆体的象形字

草　木　林　材　雨
水　沼　涧　岛　云
石　山　岭　崖　露
宫　门　圈　园　电

图 1-14　黄帝史宫仓颉〔仓圣〕鸟迹书——象形文字的产生

老子手植银杏

唐·王维手植银杏   轩辕黄帝手植柏

孙思邈手植柏

仓颉手植柏

图 1-15　黄帝手植树传统与天地人合一观

传说黄帝采首山之铜,铸鼎于荆山（今河南省灵宝铸鼎原）之下，以象天、地、人。夏禹铸九鼎象九州。鼎是中国象征帝王业绩的礼器，始于轩辕黄帝时代。

孔子手植桧柏

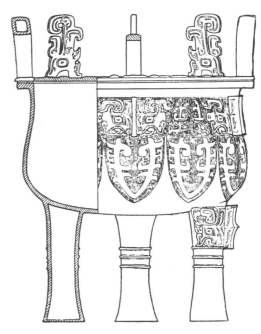

西周淳化大鼎（1979 年陕西淳化史家源村出土）

西周夔纹圆鼎（1981 年陕西宝鸡西关纸坊出土）

商人面纹方鼎

图 1-16　轩辕黄帝铸天、地、人三鼎以象征中华民族文化的业绩

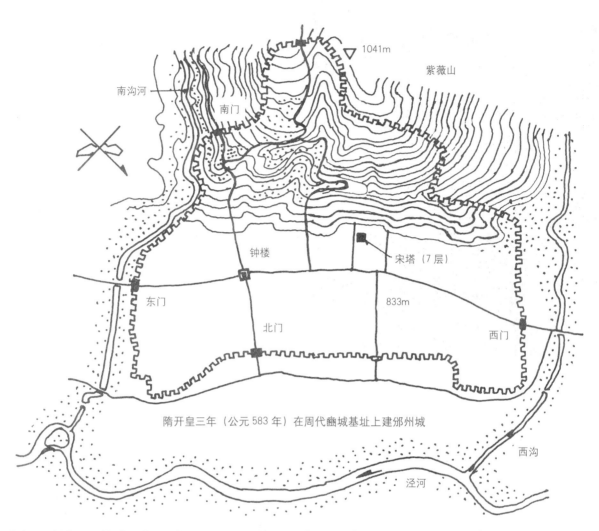

1041m

紫薇山

南沟河

南门

钟楼

宋塔（7层）

东门

北门

833m

西门

隋开皇三年（公元 583 年）在周代豳城基址上建邠州城

西沟

泾河

《诗经·大雅·公刘》篇记载了周代（公元11世纪前）公刘率部族于豳城选址的活动。这是迄今所知有文字记载，有遗址可察的最早的一个实例。

笃公刘（忠诚厚道的公刘）

既溥既长（那新开的土地越来越广）

既景乃冈（登山观测日影来确定方向）

相共阴阳（视察山的阴面和阳面）

观其流泉（视察河流的高低走向）

其军三单（他的军队分三班轮换）

度其隰原（把平原洼地全部丈量）

彻田为粮（开垦田地种谷产粮）

度其夕阳（再把山地西面丈量）

豳居允荒（豳地的地面实在宽广）

……　……

瞻彼溥原（眺望那广阔的川原）

乃陟南冈（公刘又登上了南冈）

于京斯依（他决定在京邑安身）

于豳斯馆（他在豳地修建房屋）

这是一首朴实的写实诗文，它记载了周代公刘率领周族从邰（今陕西武功）迁到豳地（今陕西彬县）时的情景。从诗中看出公刘选城址首先选有山有水、川原开阔的地方，并具有安居、耕田、防守的诸多有利条件。

诗文所载的"南冈"、"夕阳"，豳地紫薇山东侧的泾河、川原等地形地势均近似延续至今的彬县县城环境。证实了周代公刘迁豳相地选址活动已是地景文化的萌芽。

图1-17　中国周代早期城市的选址活动

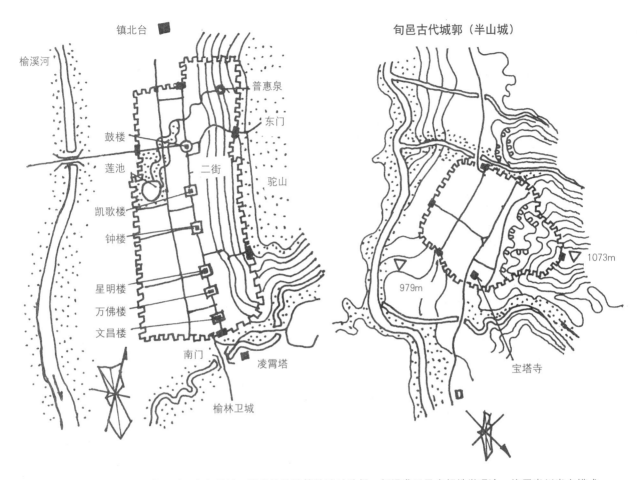

周代古城豳城（现称彬县城）以及古旬邑城、明代榆林城等的城址选择，都沿袭了风水相地学理论，均属半川半山模式。

①从城市生活上遵循"高勿近阜，而水用足，低勿近水而沟防省"的依山傍水山水城市的原则。

②从城市军事安全上要占据高地以保障防守和出击的有利条件，所以周、隋、明以前的城市大都选择"半川半山"的城市结构模式，而山上的城墙一定建到分水岭的最高点（军事上的制高点）。另外城内还建有 7 层以上的砖塔作瞭敌之用。榆林城内还占有泉水饮水条件。马谡占街亭孤零高地山上无水源，而被围失守。努尔哈赤占铁背山高地，山后有山，进退自如。

③在当今暴雨成灾的风水环境条件下，半川半山的理论，成为现代最佳城址模式。

图 1-18　中国古代"半川半山"的城市结构模式

图 1-19　古代豳邑延续到隋代邠州城、现代彬县的景象

图1-20　周文王时代于沣河西侧建有灵台、灵沼、灵囿

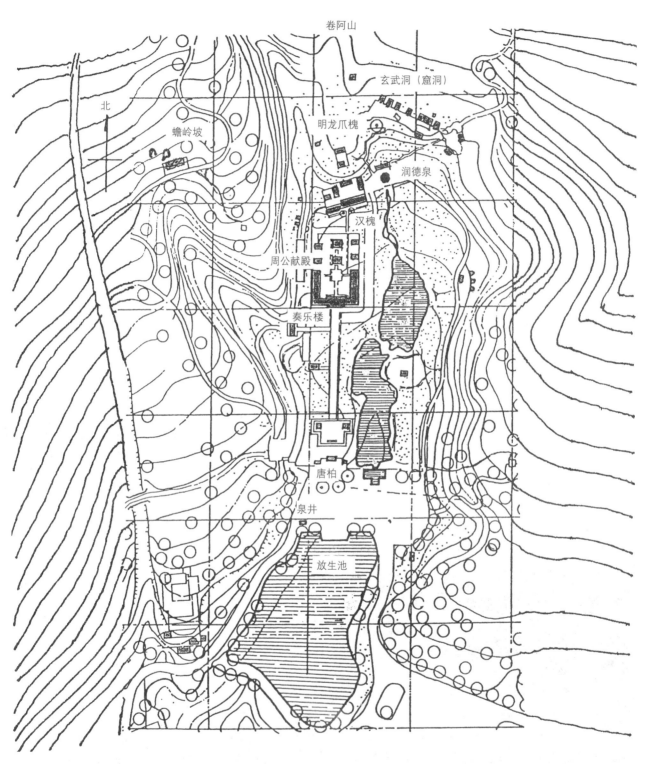

《诗经·大雅·卷阿》："有卷者阿（环曲的山坳），飘风自南（山口面南），岂弟君子，来游来歌。"周公曾在此制礼作乐，唐代命名周公庙，山坳中泉水命名润德泉。1985年考察尚存汉柏2株，唐槐2株，明龙爪槐1株。

图1-21　岐山卷阿周公庙环境选址（董笑岩绘图）

图 1-22　卷阿现状（佟裕哲 1986 年摄）

二、地景文化起源于春秋战国时期

（一）春秋时代（公元前 770～前 479 年）

孔子作《周易·大传系辞》中写有："天尊地卑，乾坤定矣，卑高以陈，贵贱位矣，动静有常，刚柔断矣，方以类聚，物以群分，吉凶生矣，在天成象，在地成形，变化见矣。"孔子又写有："观于东流之水有九似，是故君子见大水必观焉。"孔子以利比德，就水的形态特征与人的伦理道德相比喻，水有九似，阐述了水景的内涵。

1. 夫水大，遍与诸生而为——似德。

2. 其流也埤下，裾拘心循其理——似义。

3. 其洸洸乎不屈尽——似道。

4. 若有决行之，其应佚若声，其赴百仞之谷而不惧——似勇。

5. 主量必平（水入量器持平）——似法。

6. 盈不求概（水满后自溢）——似正。

7. 淖（音 nào）约微达（水可渗透到细微处）——似察。

8. 以出以入，以就鲜絜（音 jié）——似善化。

9. 其万折也必东——似志。

引自《荀子译注·宥坐》

春秋时代《老子》书中已论及人居与自然环境景观的关系，《老子》八章："上善如水，水善，利万物而有静，居众人之所恶，故几于道矣。居善地，心善渊。"（善人居处如水一样的顺乎自然，善于选择

环境）。《老子》二十章："众人熙熙，若乡于大牢（宴会），如春登台。"（像春天登上楼台远眺美景）[①]

孔子《论语·八佾》："子谓《韶》（舜韶乐）尽美矣，又尽善也。谓《武》（周武王乐）尽美矣，未尽善也。"《论语·八佾》子曰："里仁为美。择不处仁，焉得知。"（选择住处要有仁厚的风俗）《国语·楚语上》灵王为章华之台……台美夫，对曰："夫美也者，上下内外，大小近远，皆无害焉，故曰美。"春秋时代对自然与人工的美学概念已注意美与善，利与德的统一，才是美。

孔子儒学与周公《周礼》——据《太平御览》记载，周成王时于陕州（今三门峡市）立石为标。自陕州以西，召公主之（主管），自陕州以东，周公主之。周公之子伯禽被封为鲁国（山东）鲁公。孔子任过鲁国的司寇。孔子研究《周礼》，逐步发展演进成儒学。中国儒学的生态伦理观又推动了地景文化的发展。

（二）战国时期（公元前 475～前 211 年）

荀况（公元前 313～前 238 年）所著《荀子·强国》中：应侯（名范雎，战国时魏国人，秦昭王时曾任秦相）问孙卿子曰："入秦何见？"孙卿子曰："其固塞险，形势便，山林川谷美，天材之利多，是形胜也。"[②]孙卿子入秦对渭河流域八百里秦川的自然地理景象进行了描绘，并提出"形胜"的景观美学概念，可以认定这个阶段是中国地景文化的起源时期。

① 梁海明译著．老子 [M]．沈阳：辽宁人民出版社，1996．

② 张觉．荀子译著·强国 [M]．北京：中华书局，1984．

图 2-1　春秋战国时代儒学基于《周礼》礼制，圣人墓称林，如孔林、孟林，并有神道列柏形制

图 2-2　曲阜孔庙院内列柏（甬路两侧对植柏树）

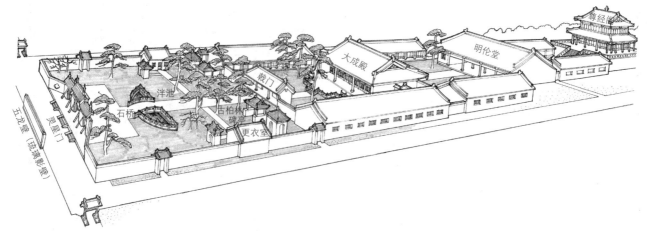

图 2-3　陕西韩城孔庙（又称文庙）前院中的泮池与列柏（大体上对称）
摹自赵立瀛著《陕西古建筑》，陕西人民出版社，1992 年出版

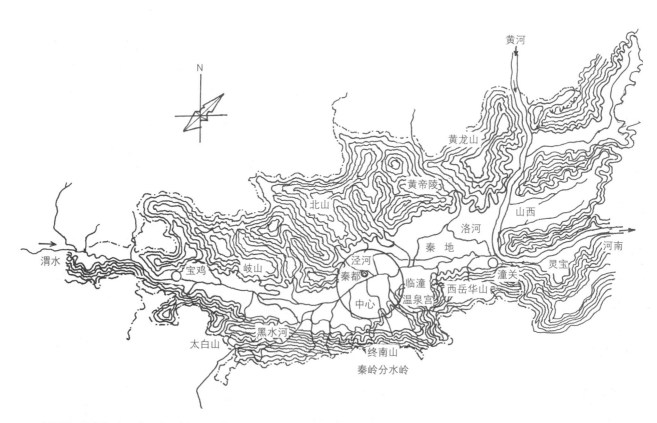

《荀子·强国》中记载："入秦何见？"孙卿子曰："其固塞险，形势便，山林川谷美，天材之利多，是形胜也。"意指渭河流域八百里秦川之地是形胜之地。"形胜"与中国地理景观、地景文化是同义语。因此可以认定中国地景文化始于战国时期。

图 2-4　秦地（百八里秦川）

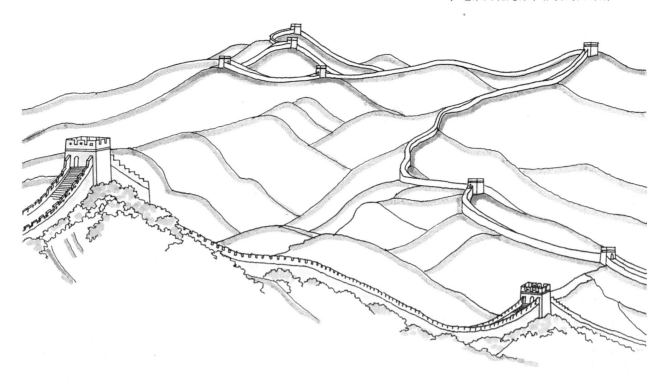

万里长城从东部山海关（天下第一关）开始向西伸延直到甘肃嘉峪关。东中部大多处在山岳地区（如北京八达岭长城）。从军事防御工程方面要求，长城必须建在山巅分水岭上。这样长城的东西走势必然与自然山脉（龙脉）的岭、梁、峁、沟结构和山脉的高低起伏、曲折伸延、雄奇险峻等宏伟多变的山岳气势融合为一体，清晰地勾画出自然山势的轮廓。长城不仅是中国地景文化美学表达上的至高意境，也是世界上最宏伟的工程。1987 年被联合国列入世界文化遗产名录。

图 2-5　长城选建在自然分水岭上，长城因借自然产生的地景气势

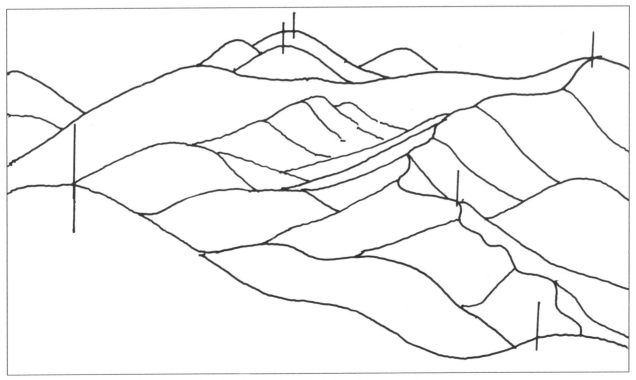

图 2-6　未建长城时自然山脉分水岭的景象与走势

　　春秋战国时代,各国为了互相防御,纷纷在形势险要的地方修筑长城。《左传》记载僖公四年(公元前 657 年)筑城,战国时,齐、楚、魏、燕、赵、秦、中山国等相继筑城,秦灭六国统一后,将秦、赵、燕三国北边长城连贯一体,到明代又续建,从山海关(天下第一关)起向西延至嘉峪关成为万里长城。人工长城与自然山脉结合,也是中国地景文化上的杰作。

图 2-7　长城景观摄影

三、秦代帝王工程营建已有浓厚的地景文化色彩

秦始皇时代（公元前 240 年）建立上林苑和朝宫（阿房宫）提出了"表南山之巅以为阙，络樊川以为池"的地景景观理论。秦始皇陵选址，提出了"选于骊山之阿"和"天华"形胜之地。在帝王陵园选址中，进一步运用了骊山与渭水的自然景观形胜。又据《史记·高祖本纪》（第 106 页）记载："秦形胜之国，带河山之险，县隔千里，持戟百万，秦得百二焉（指军事防御上，二万抵百万），地势便利，其以下兵于诸侯，譬犹居高屋之上建瓴水也。"

秦代营建都江堰水利工程、直道工程、长城工程、秦都、秦宫、秦陵、秦陵兵马俑等巨大工程的成功，实际上是继承了春秋战国以前各代的地景文化理论，应用于帝王工程的营建。

秦始皇"筑咸阳宫，因北阪营殿，端门四达，以制紫宫象帝居。引渭水贯都，以象天汉。横桥南渡，以法牵牛"。秦始皇三十五年（公元前 212 年）在秦惠文王（公元前 337 年）营建阿城的基础上，修建了朝宫，又称阿房宫。

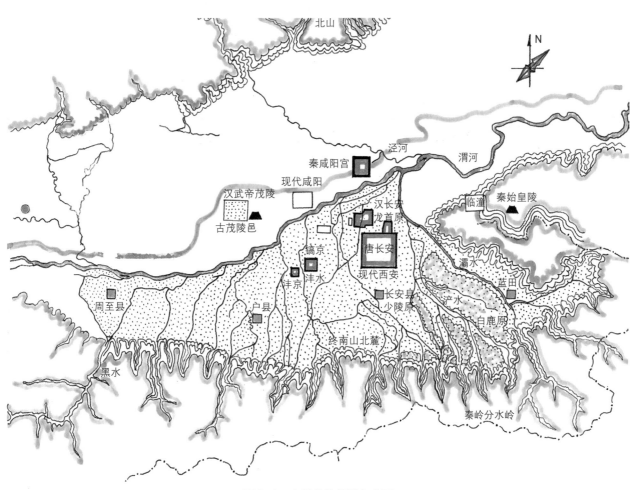

图 3-1　上林苑的规模与范围

"咸阳北至九嵕山、甘泉，南至雩、杜，东至河（黄河），西至千、渭之交（今宝鸡市所在），东西八百里，南北四百里，离宫别馆，弥山跨谷，辇道相属。"①

秦始皇陵于公元前247～前209年建成。陵园选于"骊山之阿"和"天华"形胜之地。

秦代处于公元前221～前206年，建国立都延续了《荀子·强国》中提出的形胜的追求，工程营建设计与自然地景相结合，壮大了帝王工程格局与气魄。秦始皇陵兵马俑于1987年录入世界文化遗产名录。

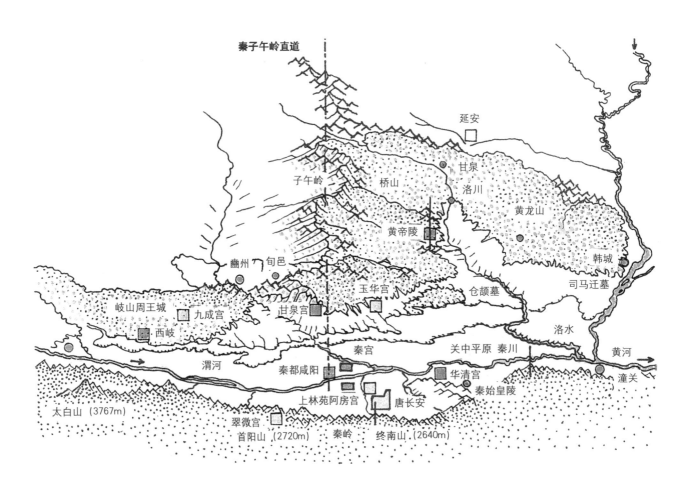

渭河（渭水）的别名又称秦川，宝鸡起至潼关流入黄河，东西走向的秦川又称八百里秦川。后又称八百里秦川为关中道（指陕西管辖的地域，有榆林道、陕南道、关中道）。

中国渭水滋生了中华民族古代的文化（渭水是文化的摇篮）。

秦始皇时代（公元前221～前206年）运用自然形胜地景理念营建咸阳宫、阿房宫、甘泉宫、子午岭直道、秦陵、长城等工程。

图3-2　秦汉时代建立的子午岭主轴及桥山卧龙，都城以山为阙及离宫的布局　佟裕哲2006年11月根据卫星图绘制

① 顾炎武著《历代宅京记》[M]. 北京：中华书局，1984.

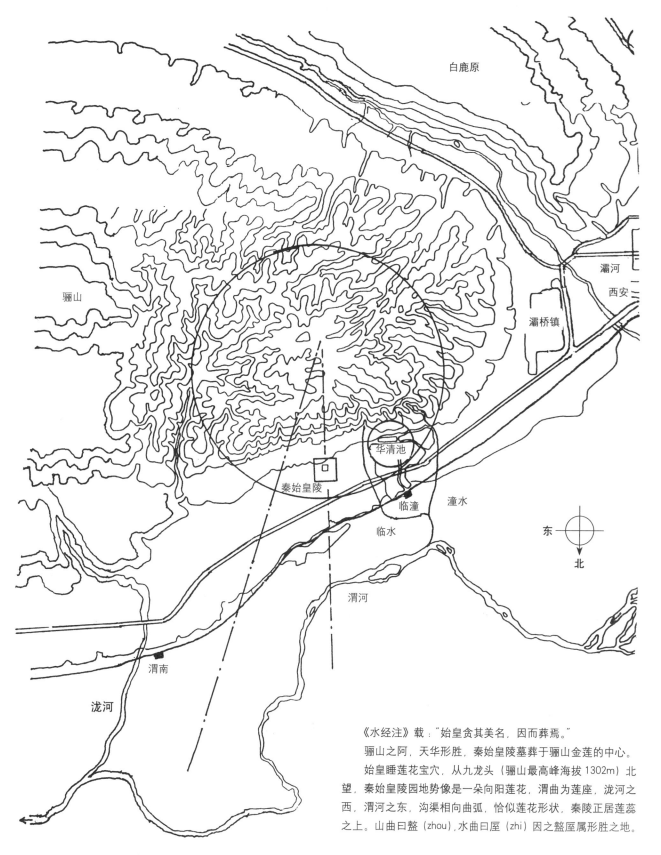

白鹿原

骊山

灞河

西安

灞桥镇

华清池

秦始皇陵

临潼

潼水

临水

东

北

渭河

渭南

泷河

《水经注》载："始皇贪其美名，因而葬焉。"

骊山之阿，天华形胜，秦始皇陵墓葬于骊山金莲的中心。

始皇睡莲花宝穴，从九龙头（骊山最高峰海拔 1302m）北望，秦始皇陵园地势像是一朵向阳莲花，渭曲为莲座，泷河之西，渭河之东，沟渠相向曲弧，恰似莲花形状，秦陵正居莲蕊之上。山曲曰鳌（zhou），水曲曰厔（zhi）因之鳌厔属形胜之地。

图 3-3　秦始皇陵选址背靠骊山（头枕金）前临渭水（足蹬银）鳌厔（山环水曲）形胜之地势

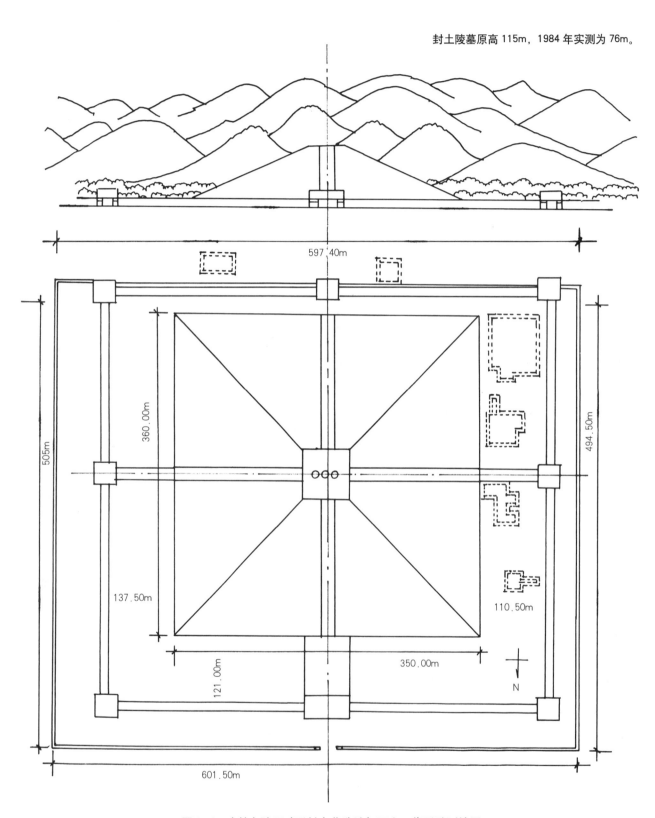

封土陵墓原高115m，1984年实测为76m。

图 3-4　秦始皇陵覆斗形封土墓选址与骊山天华形胜测绘图

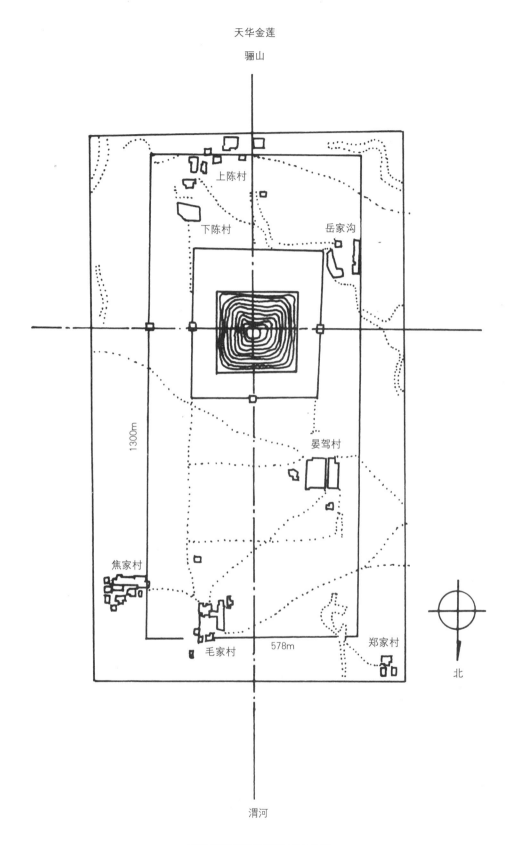

秦始皇陵平面布局的两个轴线

1．依形胜地景选择的南北轴线——南依骊山天华形胜北临渭水（金莲宝穴达到心理上的头枕金足蹬银的传统墓葬模式）。

2．依秦灭六国军事东征意向选择的东西轴线——西为秦咸阳宫，东为兵马俑列阵方向。

图3-5　秦始皇陵内外城及历史现状图

四、汉代《地理指蒙》将地景文化"形胜"理念赋予人居风水学内涵

(一)管氏《地理指蒙》[①]要点读解

管辂,三国时(公元220～265年)山东平原的术士。据《三国志·管辂传》记载,管辂精通《周易》、风角、占相。《地理指蒙》为管辂所著,管辂为之作序。

1. 三才统归一元规律(《地理汇宗》16～20页)。认知自然的五太(太易、太初、太始、太素、太极)。最先是太易元气出现为太初;气开始有形称太始;有形有质是太素,混沌状态是为太极。天地在先,人在后。人由五土而生,是气的作用。气脉(生命)停止,人再回到五土,是返本还元规律。人通过劳动,制作工具积累了智慧和文化,有延续感知天地的能力,以此为条件成为三才之一。

2. 祭天地神(人)目的是保持天人合一观念的延续发展,五土融结,是大地五气运行,天地当合天时,就有天的吉祥,没有合地时,就会有灾祸。祭祀是观察。祭祀的目的是促进后人与祖宗心灵相通相接。孔子说:"作为子孙的怎敢有一时不祭先天呢?"延续祭祀制度,是教育后代,也是保持天地人合一观念并与先人相继向前发展。

3. 立年历法则,相土度地(《地理汇宗》31页)。管氏认为《诗经·大雅·公刘》记述西周部落氏族选豳为邑,是对相土度地所作的最深刻的训诫。相土度地与周朝地官司徒为国家辨认山林,丈量川泽、丘陵、坟衍,体国经野的规矩是完全一致的。

4. 在相土度地中,用"土会之法"可以辨认五地(山林、川泽、丘陵、坟衍原湿地)。"土会之法"是计算的意思,即计算五土适宜哪种动、植物的生存生长。如山林庶民,因得树木气多,所以体多方形;

川泽庶民,因得水网潮气多,体色黑而津润;丘陵山民,因得火燥气多,各自多专长;坟衍地山民,因得金气多,故体肤白皙;原湿土民,土气多,所以肉丰而痹麻。

5. 五行在天运行,五气寓托在上,人物都禀受这种气才赖以生存。《左传》曾记载了晋人相土度地实例,晋国人决定离旧都绛城,大夫一致同意迁居郇瑕。认为土地肥沃、富饶,又靠近盐池,利国利民。但韩献子说不行,那里土薄水浅,污秽容易积聚,百姓悉苦瘦弱,容易得风湿脚肿病,主张迁居新田。新田土原水深,居住不会生病;又有汾河、浍河两水夹流冲洗污秽;那里的山岭、湖泽、森林、盐地都是国家宝藏。晋公经权衡决定迁居新田。

6. 管氏论三才之道重地道(《地理汇宗》74页)。

7. 管氏认为人的相貌和命运,都是从大地派生而来;日后的富贵贫贱全靠人为,不应在现今就去占定,一成不变。大凡在天的丽质,都莫不从地派生而出,而人却有千差万别,面相、心理、命运,它的根本植生在大地,千里之行,始于足下,还要从根本做起,从自我做起,还得从天与人的配合上下苦功。

8. 龙脉象物相地(《地理汇宗》34～58页)《辞海》(1656页)[②],堪舆家以山势为龙,称起伏绵亘的脉络为龙脉。气与脉所结为龙穴(即明堂场地)。

中国自古有宗龙思想,以龙的物象去相山岳河川。把有关山川河流、天文地理模拟成多种事物形状、相貌,高低山形、穴位等。小处指近形,大处指远势。

华夏地龙龙脉,从昆仑山脉向东,向西南出发,形成三大支山龙。

北龙——从昆仑山脉出发而先成为三危山,继

---

① 地理汇宗——管氏地理指蒙篇 [M]. 广州:广州出版社,1995.

② 辞海. 辞海编辑委员会. 上海:上海辞书出版社,1980.

而成为积石山，逾黄河而成为终南山，再向东成为太华山，成为底柱山，又复再过黄河而成为雷首山、王屋山、太行山，再北折抵达常山，延伸塞外城垣循东而去，尽极到达辽宁、渤海。

中龙——从终南山向南成为上洛山，越过汉水，结脉在夔州而成为荆山，又复越过长江，而结脉到长沙、宣庆一带成为衡山，再向徽岭南，复循东而去，极尽终点到达闽、浙一带。

南龙——从昆仑向南，沿着西藏康定高原向云南延展，先是与阿富汗为界，继而南下与印度、尼泊尔、不丹、缅甸、泰国、越南等国构成边界。

9. 以观山象物相形方法选出穴地、明堂（古代帝王朝会布政祭祀地方，兼有帝居宫室）（《地理汇宗》63 页）

明堂是在山水区域中修建的宫室，这些地方都是适宜于人居的缓地、坦地、台地。

明堂在夏朝称世室，商代称重屋，周朝以后才称明堂。明是从宅的照临忌闭塞取意，堂是从它的中正不阿取意。明堂既是祭祀最好的场地，也是人居宫室活动的平缓坦地，还是风水墓穴佳地。明堂的近形是内堂，舒而不逼；远势是外堂，逆水相迎，人的五事是貌、言、视、听、思。五事配五土，即貌作水，言作火，视为木，听为金，思作土，以昭柄后代，福泽后世。中国古代相形选穴（明堂）做人居宫室的这种模式，有很多延续保存到现代。如四川阆中（是城市）黄帝陵（是墓地）神农祠零陵县（祠墓）。以现代生态安全观，回望管氏地理学的价值，证实了它具有科学性。管辖所著《地理指蒙》将山岭、湖泽、森林视

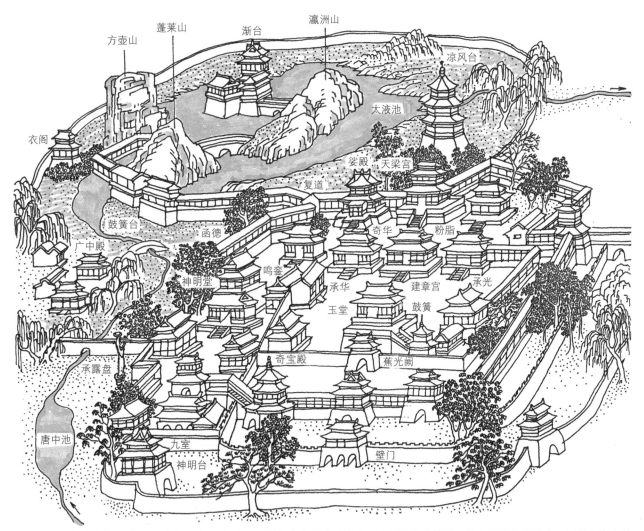

《汉书·郊祀志》记载：汉武帝于公元前 104～前 79 年之间营建章宫，宫西北建太液池，池中筑有三座假山，以象东海中的瀛洲、蓬莱、方丈三座神山，是中国人工池水景"一池三山"形制的起源。

图 4-1　关中胜迹　佟裕哲摹自清乾隆四十一年（公元 1776 年）毕沅著《关中胜迹图志》

为国家宝藏；将山岳河川景象的近形、远势视为形胜；将适宜人居的缓地、坦地、台地视为明堂。它将地景文化"形胜"举上了风水学殿堂。

（二）汉代轩辕黄帝陵选址

汉代轩辕黄帝陵选址于子午岭桥山，是"南北亘长岭，纵横列万山，地折庆延回，源分漆沮溇"的自然山水景观气势非凡之地。黄帝陵选址时间，汉初有文字记载，有待进一步考证。

（三）汉代班孟坚著《两都赋》

"汉之西都……左据函谷、二崤之阻，表以太华、终南之山。右界褒斜，陇首之险，带以洪河、泾渭之川。……华实之毛，则九州之上腴焉；防御之阻，则天地之奥区焉。"

"若乃观其四郊，浮游近县，则南望杜灞，北眺五陵，名都对郭，邑居相承。"

"封畿之内，厥土千里，……其阳则崇山隐天，幽林穹谷。陂池交属。竹林果园，芳草甘木，郊野之富，号为近蜀。其阴则冠以九嵕山，陪以甘泉，乃有灵宫起乎其中。"（文中阳指汉长安之南，其阴指汉长安之北）

（四）郦道元与《水经注》

郦道元（公元 472 ～ 527 年），北魏水文地理学家，著有《水经注》。其所写《三峡游记》："森木萧林，离离蔚蔚，乃在霞气之表。仰瞩俯映，弥习弥佳，流连信宿，不觉忘返，目所履历，未尝有也。即自欣得此奇观，山水有灵，亦当惊知己于千古。"

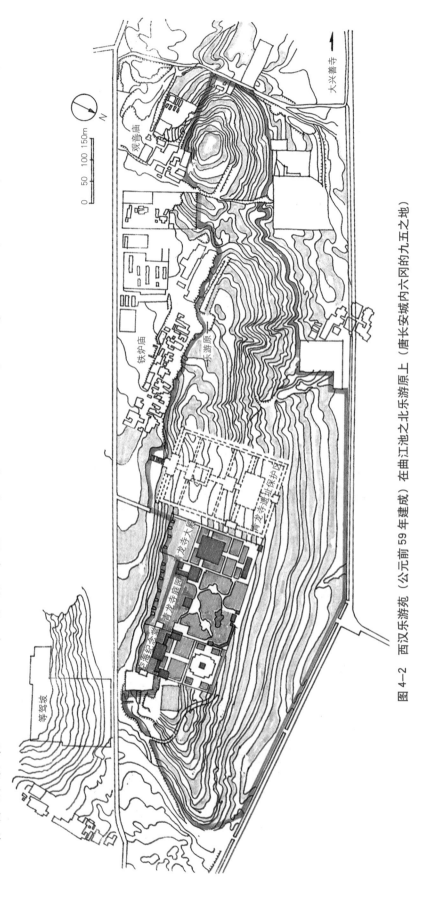

图 4-2　西汉乐游苑（公元前 59 年建成）在曲江池之北乐游原上（唐长安城内六冈的九五之地）

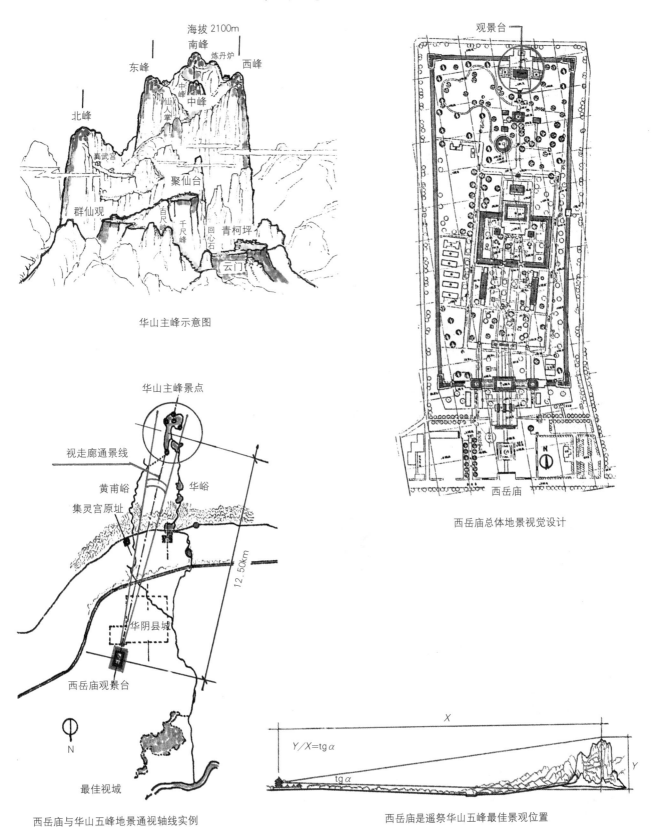

华山主峰示意图

西岳庙总体地景视觉设计

西岳庙与华山五峰地景通视轴线实例

西岳庙是遥祭华山五峰最佳景观位置

图4-3　东汉桓帝延熹八年（公元165年）废汉武帝所建集灵宫，按地景视觉理论建西岳庙（佟裕哲绘）

图 4—4　西岳庙观景台南望华山五峰
西岳庙文管所图

图 4-5　华山北峰望西峰（佟裕哲 2006 年 10 月摄）

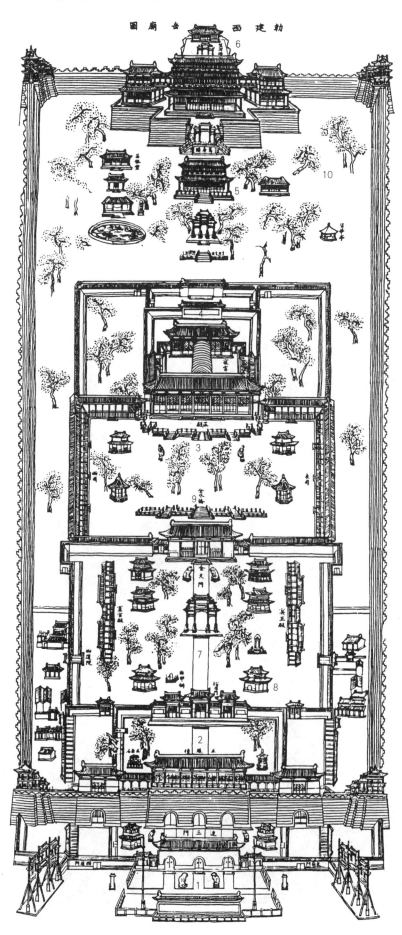

1—棂星门；2—五凤楼；3—灏灵殿前月台；
4—寝殿；5—御书楼；6—万寿阁平台；
7—石牌坊；8—碑亭；9—石桥；10—庙园

图4-6 西岳庙碑刻图（引自《华阴县志》）

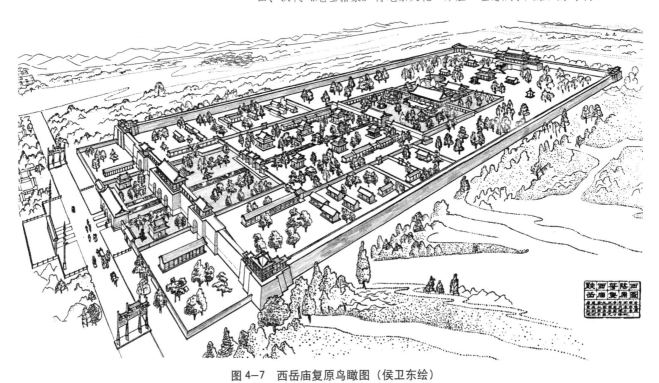

图4-7　西岳庙复原鸟瞰图（侯卫东绘）

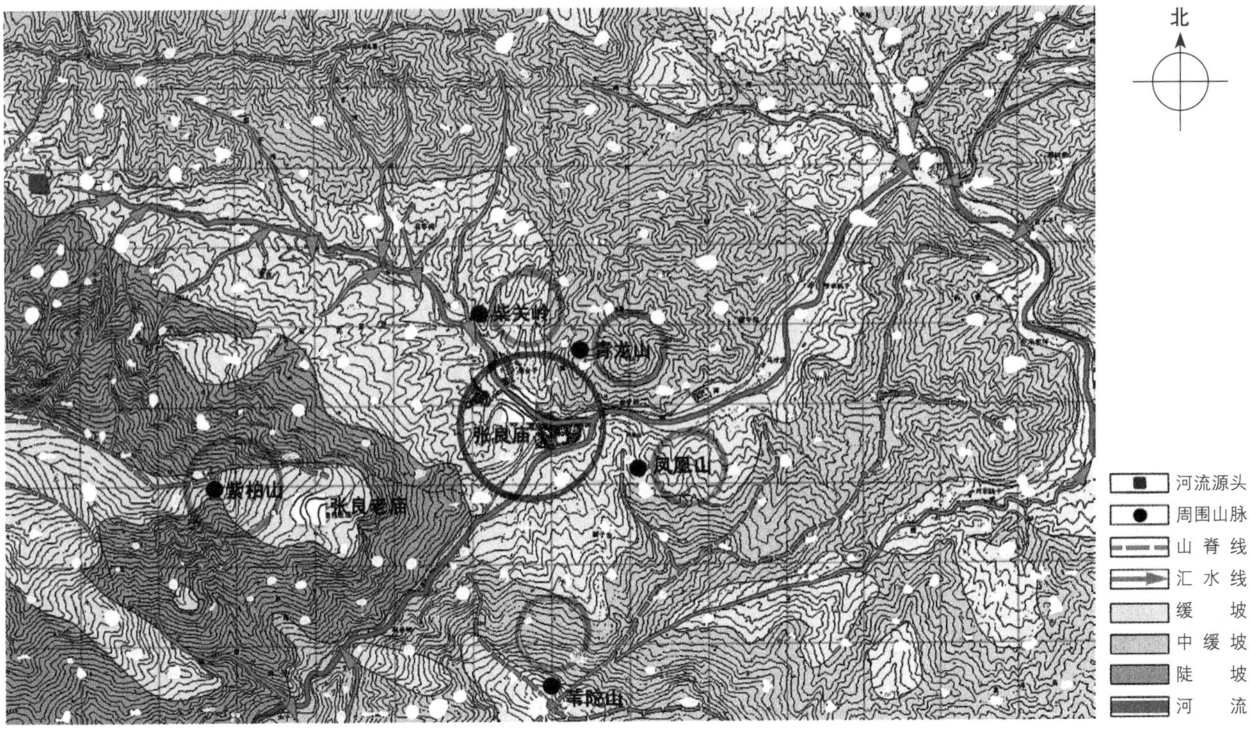

图4-8　张良庙选址于秦岭南麓五山二水特有的生态景观格局

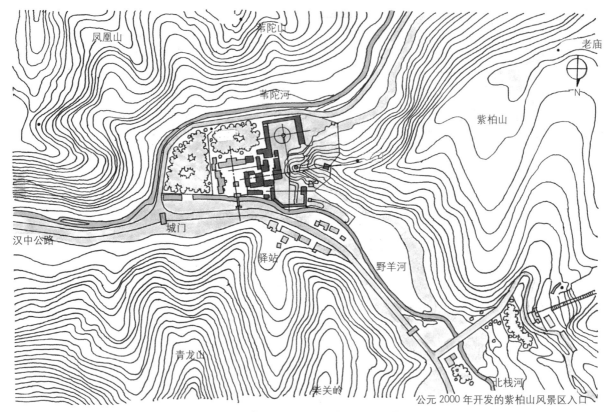

图 4-9   因借紫柏山麓与二水环境的张良庙选址（佟裕哲、周旭绘）

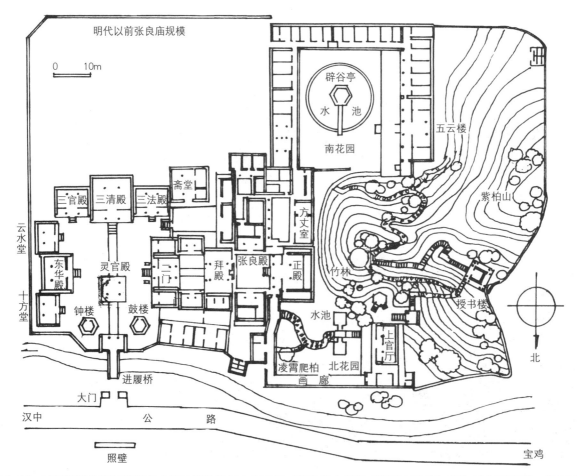

图 4-10   留坝县张良庙因借紫柏山麓为庙的地景文化实例（引自赵立瀛著《陕西古建筑》，陕西人民出版社，1992 年）

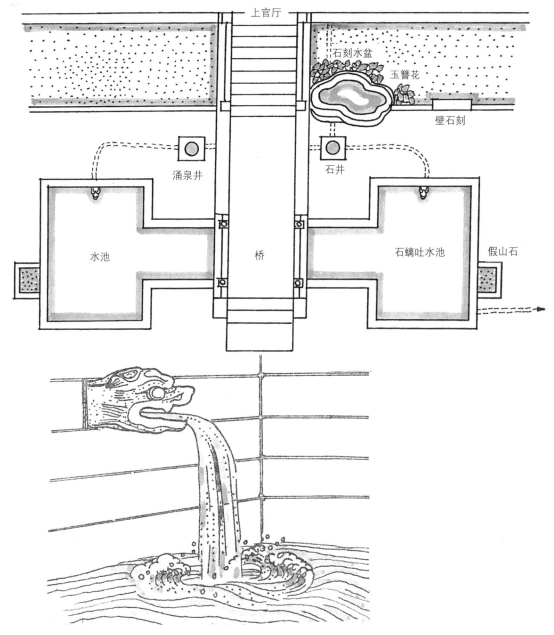

汉张良庙北花园中的池泉水景水法

图4-11　张良庙北花园井泉与石螭吐水水景水法测绘图

图 4-12　北花园水景写生画（秦毓宗绘）

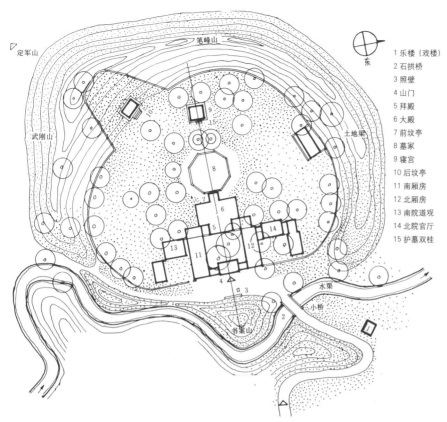

1 乐楼（戏楼）
2 石拱桥
3 照壁
4 山门
5 拜殿
6 大殿
7 前坟亭
8 墓冢
9 寝宫
10 后坟亭
11 南厢房
12 北厢房
13 南院道观
14 北院官厅
15 护墓双桂

诸葛亮生于公元181年，公元234年8月24日病逝于岐山之五丈原。诸葛亮生前遗嘱中说："遗命汉中定军山为坟，冢足容棺，殓衣时服，不须器物。"诸葛武侯墓占地360亩，公元234年始建，清嘉庆七年（公元1803年）重修。勉县南10华里定军山西北山麓岗峦起伏山环水抱，古柏荫幽，环境雅静，云山苍苍。山岗上为青杠林。

诸葛亮棺位，头西脚东，以示不忘先主及怀乡之念。诸葛亮是治国军师，并精通地理风水理论，其陵墓被后人誉为风水典型。

遗物中有斩马钉，四个爪均为120°，落在地上总是三下一上。

汉双桂树：1700年历史，高19m，冠25m²，直径1m，古柏22株。

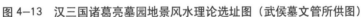

图4-13　汉三国诸葛亮墓园地景风水理论选址图（武侯墓文管所供图）

图4-14　武侯墓入口写生画（佟裕哲1964年绘）

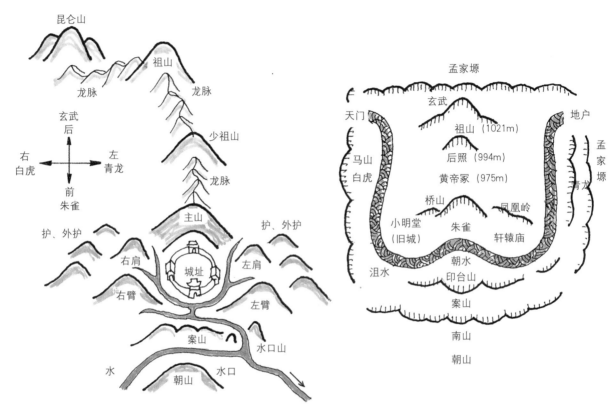

引自一丁、雨露、洪涌编著《中国古代风水与建筑选址》　　　　　　　赵立瀛绘，引自《西安冶金建筑学院学报》1994 年第 26 卷

　　轩辕黄帝虽属史前神话时代人物，但《史记·五帝本纪》中却有详细记载："黄帝，少典之子，姓公孙，居轩辕之丘，故号轩辕氏。又居姬水，因改名姓姬。国于有熊，也称有熊氏。败炎帝（神农氏）于版泉，又与蚩尤战于涿鹿之野，斩杀蚩尤。诸侯尊为天子，以代神农氏。有土德之瑞，故号黄帝。相传蚕桑、医药、舟车、宫室、文字等之制，皆始于黄帝。"

　　《史记》载："黄帝崩，葬桥山。"桥山属陕西子午岭支脉。山势西高东低，坡势缓长似桥，山下有沮水三面环绕，四周风水气形具胜，堪称传统风水相地中的典型布局模式。

　　黄帝墓冢与陵园庙祠从西至东龙驭整个桥山。西侧龙首高地为九一（海拔约 1021 米），墓冢背依龙首而置于九二之地（海拔约为 970m），陵园庙祠置于九五之地（海拔约 842m），背依凤岭（凤凰岭海拔 931m）。整体陵墓及祠庙布局均循九二、九五为吉位的易经理论。使后代人在心理上感到选址师在择吉避邪理论上，做到了恰如其分。

　　清代刘尔樾在《桥山陵古柏赋》中，对桥山的风水地貌描写得真实备至：

　　　　　　"维上郡之列域兮，山崩为以多奇。

　　　　　　耸子午以衍灵兮，历双钟而分支。

　　　　　　合三川以右潆兮，凤凰高峙于西坡。

　　　　　　揖衡岭而忽止兮，诸峰环卫而共之。

　　　　　　王气郁郁万年兮，相传轩辕帝衣冠葬于斯。"

　　　　　　图 4-15　轩辕黄帝陵园选址的风水分析

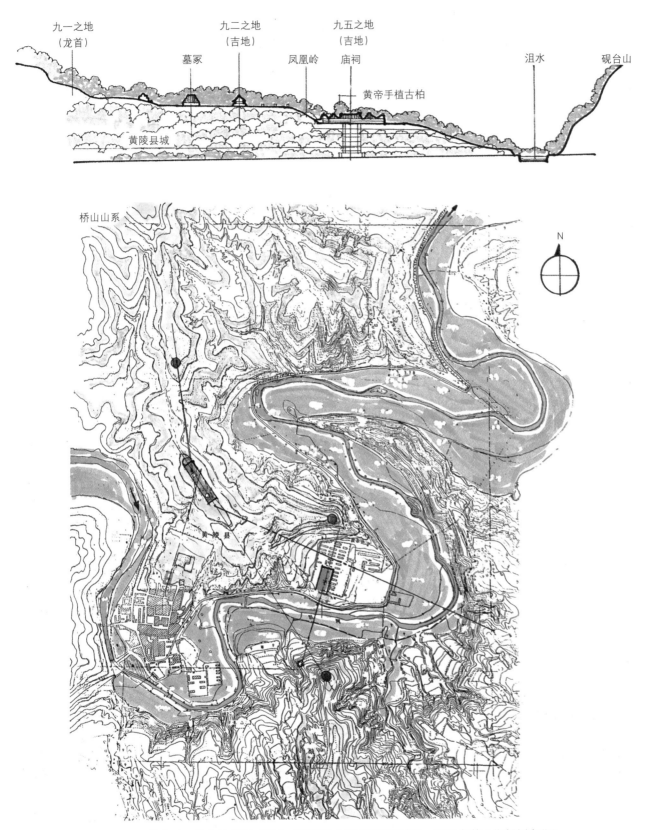

图4-16　黄帝陵环境保护规划（引自《西安冶金建筑学院学报》，1994年第1期规划专集）

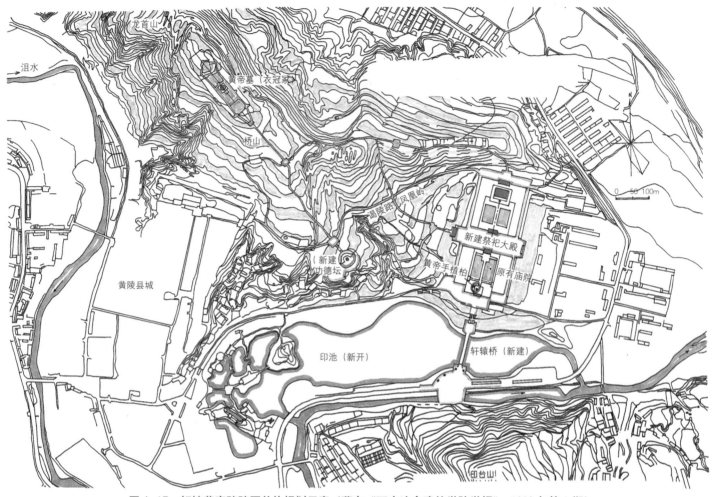

图 4-17   轩辕黄帝陵陵园总体规划示意（摹自《西安冶金建筑学院学报》，1990 年第 1 期）

图 4-18   黄帝陵献殿（祭殿）重建全景

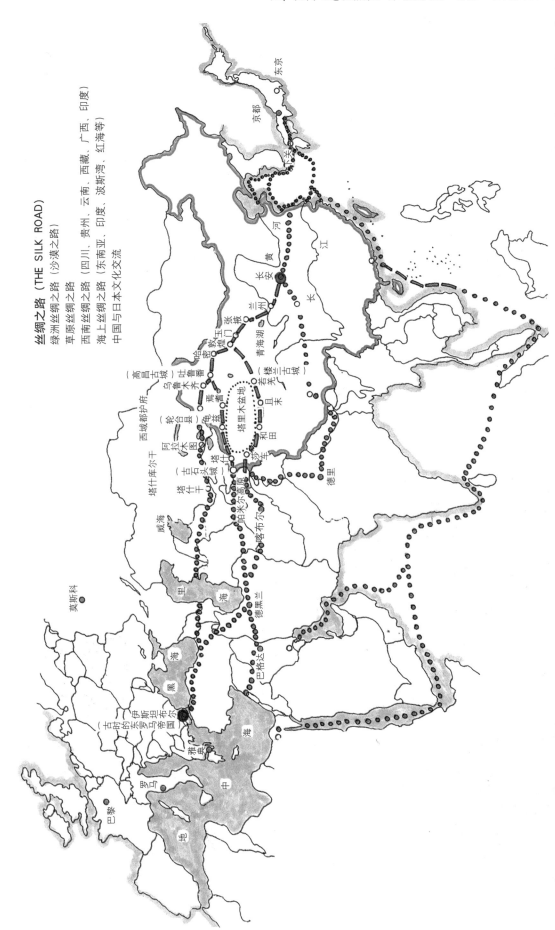

丝绸之路 (THE SILK ROAD)

绿洲丝绸之路（沙漠之路）

草原丝绸之路

西南丝绸之路（四川、贵州、云南、西藏、广西、印度）

海上丝绸之路（东南亚、印度、波斯湾、红海等）

中国与日本文化交流

一般人所说的"丝绸之路"主要是指绿洲之路。从中国长安出发，经过河西走廊到达新疆，然后分北路、中路、南路西行。其中北路经伊吾（今哈密）、北庭（今吉木萨尔）、阿力麻里（今伊宁），西去里海沿岸。中路经车师前王庭（今吐鲁番西），过焉耆（今焉耆西）、乌垒（今库车）、姑墨（今温宿）、疏勒（今喀什）、越过帕米尔高原，直到地中海东岸地区。南路从阳关出发，沿塔克拉玛干大沙漠南缘，经鄯善（今若羌）、且末（今且末西南）、精绝（今民丰南）、于阗（今和田东）、莎车（今莎车）等地，然后越世界屋脊（帕米尔高原），过阿姆河到伊朗，直抵伊斯坦布尔（东罗马帝国）。

"丝绸之路"是连通欧亚大陆的动脉，是世界文明发展史上的一个主轴。在丝绸之路上，塞人、月氏人、丁零人、羌人、匈奴人、回鹘人、突厥人、蒙古人自东向西迁徙，希腊人、阿拉伯人、雅利安人、粟特人自西向东迁移。

图 4-19　汉张骞出使西域陆路丝绸之路图（侯遐闿 2011 年考察绘图）

敦煌石窟寺

嘉峪关文殊山石窟建筑

图4-20 丝绸之路上的嘉峪关文殊山和敦煌的石窟及窟檐建筑（佟裕哲 1990 年 8 月摄）

图 4-21　丝绸之路上的小绿洲——嘉峪关文殊山峪口内生态环境景观（佟裕哲 1994 年摄）

古嘉峪关为中国长城西部的门户

峪口外为戈壁沙漠，生态恶化

图 4-22　古嘉峪关及峪口外戈壁沙漠（佟裕哲摄）

图 4-23　嘉峪关外文殊山峪口内有草场，有马群和骆驼（佟裕哲摄）

图4-24　嘉峪关外文殊山峪口内有河，水流量随气温变化，中午流量大（佟裕哲摄）

草甸和灌木

峪口内生态环境景观

图4-25 嘉峪关外文殊山峪口内中段植物品种增加，间有灌木生长（佟裕哲1994年摄）

山峪中段河流流量大小依气温变化

山峪中段丛林减少草甸增多

图4-26　嘉峪关外文殊山峪口上游出现林木和雪山（佟裕哲摄）

植物群落构成丛林

祁连山雪山溶化为水源头

图 4-27　嘉峪关外文殊山峪口上游林区祁连山雪山溶化和水源头景观，距峪口外沙漠的距离约 20 ～ 30km
（雪山溶化水对绿色环境的作用）（佟裕哲摄）

五、营造工程因借自然的地景文化理念兴盛于隋唐

（一）隋代麟游仁寿宫营建过程

据史载麟游属古雍州域。《诗经》："民之初生、自土沮漆"（指周人祖先公刘为避戎狄侵扰，迁居麟游等地。土即杜水，漆即漆水）。周初地属岐，东迁后赐地秦襄公。秦代为京畿。麟游县地处万山之中，土田肥美，风景秀丽。隋文帝时在此建仁寿宫。唐继承改名为九成宫。现有唐代著名谏臣魏征撰，欧阳修书《醴泉铭》碑记，记载了仁寿宫和九成宫营建的过程，可以为据。

1.《资治通鉴》记载："夷山湮谷以立宫殿、崇台累榭，宛转相属。"[①]《九成宫醴泉铭》中记载了麟游地理气候特征，"至于炎景流金无郁蒸之气，微风徐动有凄清之凉。信安体之佳所，诚养神之圣地，汉之甘泉，不能尚也"[①]麟游地处北纬35°东经107°，西周以来的避暑佳地。

2."冠山抗殿，绝壑为池；跨水架楹。分岩竦阙，高阁周建，长廊四起；栋宇胶葛，台榭参差，仰观则迢递百寻，下临则峥嵘千刃。"[①]整个宫殿群依建于碧城山阳面，北马坊河与杜水交汇处为西海。魏征撰"冠山抗殿"是指天台山顶建仁寿殿，"绝壑为池"是指天台山下西侧以西海为池。隋仁寿宫营建最早采用了冠山抗殿，笼山为苑的因借自然理念。《隋·杨素传》记载："寻令素监营仁寿宫（宇文恺为匠作），素遂夷山湮谷，督役严急，作者多死。"

（二）隋代仙游宫营建过程

隋代仙游宫是隋文帝杨坚避暑行宫，初建于隋开皇十八年（公元598年）。此前（公元前1100年）西周周穆王曾于此处有过休游活动。隋文帝自京师大兴城至麟游仁寿宫，沿途置行宫十二所，周至除仙游宫外，还有宜寿宫、文山宫、凤凰宫。隋文帝于仁寿元年（公元601年）为安置佛舍利，于仙游宫建塔。

仙游宫址于黑水潭南侧，属山中开阔盆地，黑水河流过，四周青山环抱，峰峦层叠，碧水环绕。属自然景观形胜之地。

至唐代改仙游宫为仙游寺，白居易曾与陈鸿、王质夫等同游仙游寺并著有《长恨歌》传世。[②]

公元1990年后由于西安市取水，仙游寺址成为水库。仙游寺塔迁至库区北岸金盆高地。

（三）隋代大兴城（唐长安城）营造过程

《隋书·高帝本纪》："龙首山川原秀丽，卉物滋阜，卜食相土，宜建都邑，定鼎之基永固，无穷之业在斯。公私府宅，规模远近，营构资费，随事条奏。乃诏左仆射高颎，将作大匠刘龙等创造新都（大兴城）。"[③]

1."汉故城之东南属杜县，周之京兆万年县界南直子午谷。西北据渭水，东临浐灞，西枕龙首原。唐类函京兆府，挟沣灞、据崤函，得百二，方千里府城。隋开皇二年（公元582年）自汉长安故城迁龙首川，即今都城是也。开皇二年六月十八日诏规建置，三年移入新都。新都仆射高颎（音jiǒng）总领其事，安平公宇文恺创制规模，将作大匠刘龙等充使营建，谓之大兴城。"[③]

2."隋宇文恺之营隋都也，曰朱雀街。南北尽廓，有六条高坡，象乾卦六爻，故于九二置宫殿，以当帝王之居（即大明宫位置，属15m高丘地）；九三立百司，

① 宋·司马光，元·胡三省音注.资治通鉴[M].北京：中华书局，1956.

② 佟裕哲.陕西古代景园建筑[M].陕西科技出版社，1998.

③ 唐·魏征编.隋书·高帝本纪[M].北京：中华书局，1973.

以应臣子之数；九五贵位，不欲常人居之，故置玄都观及兴善寺，以镇其地。"宇文恺把地景理论与周易吉卦的相地数理与城市功能三者相融合的规划思维，为后人所赞许。唐·李治曾说："宇文恺巧思过人。"

（四）唐代李世民营都建宫倡导节约

唐代（公元 618～907 年）李世民于初唐时期，施行"贞观之治"，营都建宫吸取隋代教训，倡导节约。曾提出："有上林而不求瑶池。"

1.《新唐书·13 卷》(3941 页) 贞观初年唐将作大匠"阎立德营翠微、玉华二宫"。

《全唐文纪事徐惠妃·谏诤》记载："翠微、玉华等宫，虽因山藉水，无构筑之苦，而工力和傺，不谓无烦。"[①]

《大唐新语》记载：太宗造玉华宫于宜君县，徐充容（惠妃）谏曰："妾闻为政之本，贵在无为。窃见土木之工，不可兼遂。北阙初建，南营翠微，曾未逾时，玉华创制。虽复因山藉水，非架筑之劳；损之又损，颇有无功之费。"[②]

《历代宅京记》(96 页)：贞观二十一年（公元 647 年）夏，四月乙丑，作翠微宫。笼山为苑，自初栽至于设幄，九日而罢。宫正门北开，谓之云霞门。视朝殿名翠微殿，其寝殿名含凤殿。"唐代温庭筠题翠微寺诗中："镜写三秦色，窗摇八水光。千嶂抱重冈，幽石归阶陛……"

2.《李世民手诏》："近因群下之志，南营翠微，本绝丹青之工，才假林泉之势，峰居临乎蚁睫，山陘险乎焦原，虽一己之可娱，念百僚之有倦，所以载怀爽垲，爰制玉华。故遵意于朴淳，本无情于壮丽，尺版尺筑，皆悉折庸，寸作寸功，故非虚役。"[③]

《历代宅京记》(97 页)："宫既成，正门谓之南风门，殿覆瓦，余皆葺之以茅（草屋顶）。帝以意在清凉，务从俭约，匠人以为层岩峻谷，玄览退长，于是疏泉抗殿，包山通苑。"笔者于 1994 年进行实地勘察，感知确是风景佳胜之地。峰峦叠嶂，松林葱郁，山花烂漫，飞瀑松涛，地无大暑，古人赞其"高寒清回，

远胜骊山"。

3. 唐代华清宫的营建以骊山之美、温泉之胜而闻名天下。《历代宅京记》(100 页) 记载：贞观十一年（公元 637 年）冬 10 月建温泉宫于骊山。"泉有三所，其一处即皇堂石井，后周宇文护所造。隋文帝又修屋宇，并植松柏千余株。贞观十八年（公元 644 年）诏阎立本营建宫殿，赐名温泉宫。"

《历代宅京记》(108 页) 载：贞观十八年置，咸亨二年（公元 671 年）始名温泉宫，天宝六年（公元 747 年）更名华清宫，"治汤井为池，环山列宫室"，又筑罗城，置百司及十宅。

天宝六年（公元 747 年）唐玄宗于此扩建并易名"华清宫"。公元 755 年，安史之乱被毁。公元 2000 年西安建筑科技大学景观研究所对这座遗存进行保护规划。华清宫苑南面依山，北面城市标高低下，不受现代建筑的干扰，属景观环境保护条件较为优越的一种类型。

（五）唐代的陵园选址理念

唐以前的历代帝王采用"封土为陵"（覆斗形）。因劳民伤财，至唐代李世民起改为"因山为陵"（借助自然山形为陵，凿山洞为墓）。李世民昭陵选址于北山九嵕山（海拔 1188m）；李治、武则天乾陵选址于梁山（海拔 1047.9m），按八卦学西北为乾，乾为天，故名乾陵。唐玄宗李隆基陵选址于蒲城金粟山（海拔 823m）。唐代陵制的特点，不仅不劳民炒土堆陵，重要的是借助自然山势地景景观显示皇帝的威严和宏伟的气魄。唐乾陵陵园呈南北轴线，从陵园南第一道门起至陵园北门全长为 4.9km，是世界帝王陵园气魄最宏伟者之一。

（六）唐代游息地、庙观、寺院营建与地景文化

唐代文学家柳宗元（773～819 年）在《永州韦使新堂记》一文中写道："乃作栋宇，以为观游，凡

① 清·陈鸿墀.全唐文记事 [M].上海：上海古籍出版社，1995.

② 唐·刘肃著，许德南校.大唐新语 [M].北京：中华书局，1984.

③ 蒙憬主编.铜川郊区文史 [R].陕西铜川：铜川市郊区委文史委编印，1989.

其物类，无不合形辅势，效技于堂庑之下，外之连山高原，林麓之崖，间侧隐显，迩延天碧，咸会于谯门之内。"柳宗元已经在唐代提出了人工建筑与自然的结合，"凡其物类，无不合形辅势"，即地景景物设计或视觉上近中远组景的理论。柳宗元在《零陵三亭记》一文中写道："夫气烦则虑乱，视壅则志滞。君子必有游憩之物，高明之具，使之清宁平夷，恒若有余，然后理达而事成。"柳宗元这篇论述，属于景观心理学的提示启蒙或景物陶冶人的深层理论，对现代人居环境仍是至上的需求。

唐代宫观、寺院工程因借山岳地景，类型多样。唐代是道教、佛教发展的全盛时期，宫观、禅寺多在山岳风景地带建造。"名山大川寺庙多"，寺因山兴盛，山因寺得名。山岳文化推动了地景文化的发展。

唐代道士司马承祯所绘《天地宫府图》和杜光庭著《洞天福地岳渎名山记》列出十大洞天和七十二福地[①]，大多分布于五大名岳和各省名山深谷之地。宫观、寺院工程结合山岳深谷自然地景形势，产生冠山抗殿、山腰掩映、峭壁建筑、窟檐建筑、台级建筑等多种类型。山西五台山中的东西南北中台地，陕西华山中的东西南北中五峰地，湖北武当山中的 72 峰、36 岩、24 涧、11 洞、3 潭、10 池、9 井、9 台、9 泉、10 石等自然地景等，其间多有道教建筑工程的因借与结合，构成多种的人文景观意境和丰富的地景建筑实例。

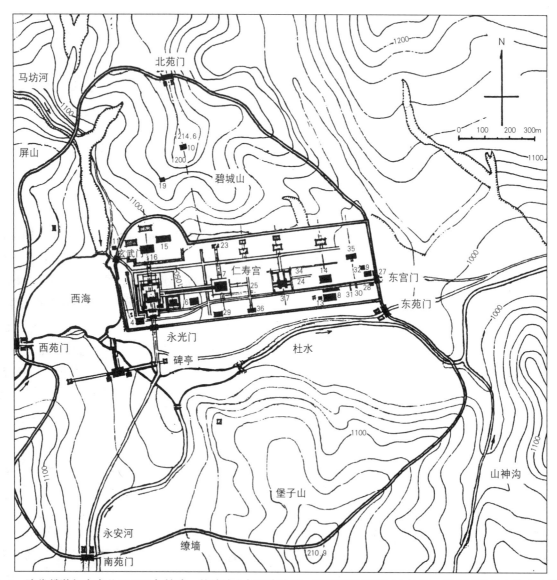

图 5-1　隋代麟游仁寿宫公元 593 年始建，笼碧城山与西海为苑，离宫建筑采取冠山抗殿，是中国地景文化史上的杰作

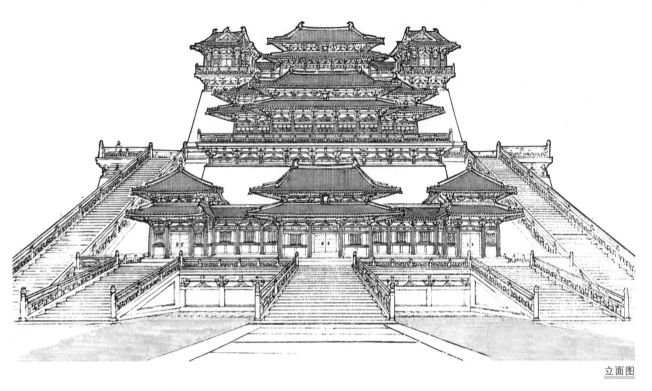

立面图

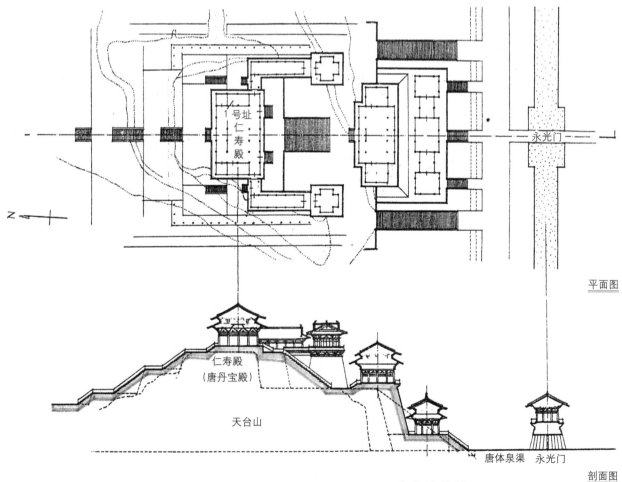

平面图

剖面图

0　5　10　15　20m

图 5-2　隋仁寿宫复原设想图（引自杨鸿勋著《隋朝建筑巨匠宇文恺的杰作——仁寿宫》
《建筑史研究论文集（1946—1996）》，中国建筑工业出版社，1996 年）

仙游宫于公元598年建于南山黑水谷,公元601年改名仙游寺,公元806年唐代诗人白居易与陈鸿、王质夫游仙游寺并著《长恨歌》。

图5-3　仙游寺实景（佟裕哲摄）

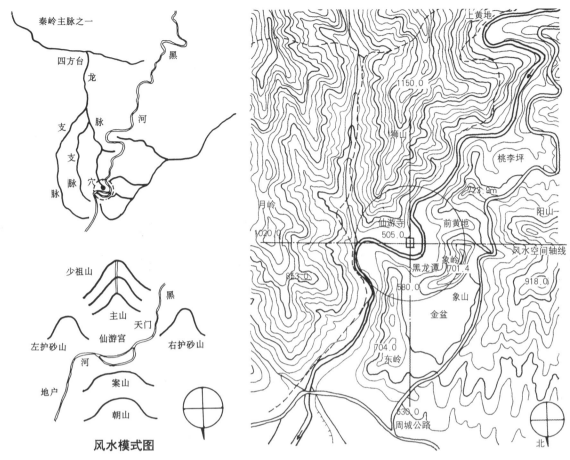

图 5-4　仙游宫（夏宫）依山林川谷美"形胜"、"地景"、"风水"选址示意图（引自陕西省古建设计研究所）

图 5-7　仙游寺全景图（1990 年水库蓄水前）（佟裕哲摄）

图 5-5 狮山

图 5-6 象岭

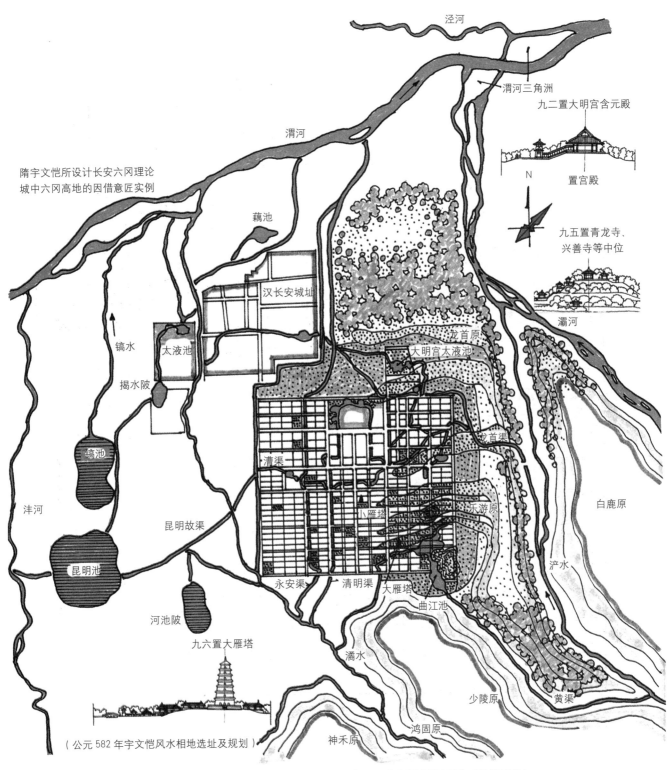

图5-8　隋大兴城（唐长安城）郊野山林水系及六冈地景的因借（佟裕哲绘）

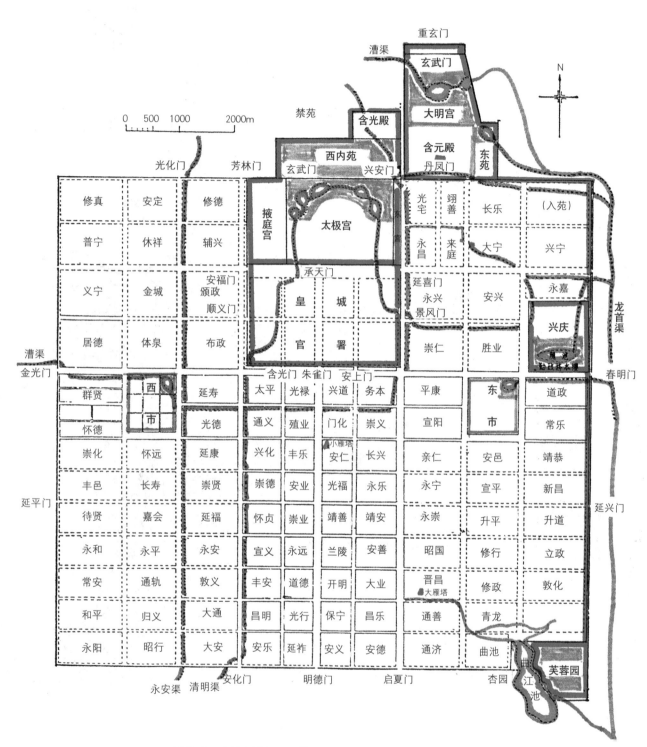

图 5-9　唐长安城平面（基于公元 582 年隋宇文恺作大兴城）

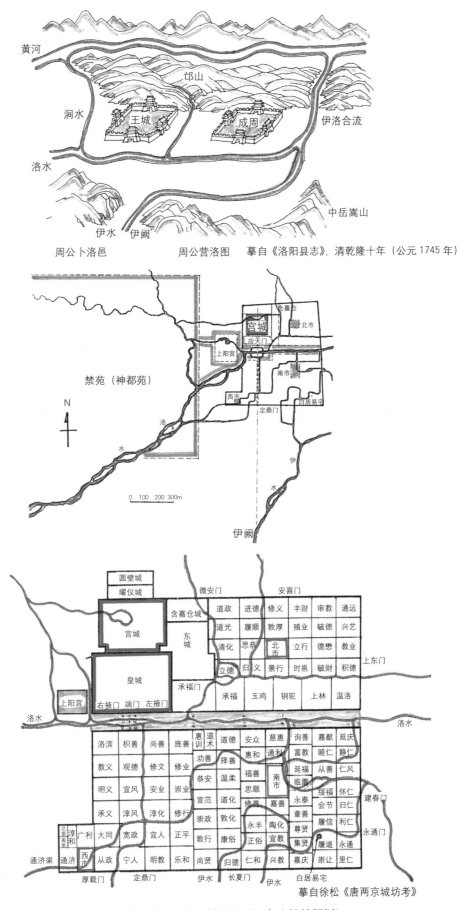

图 5-10　隋唐洛阳（宇文恺公元 604 年主持的规划）

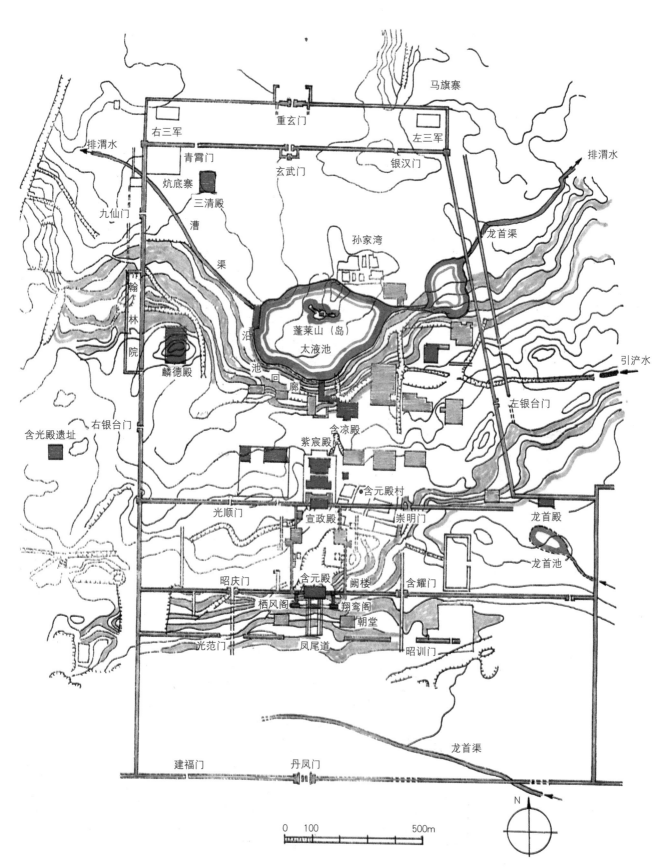

图5-11　大明宫苑遗址图（引自刘敦桢主编《中国古代建筑史》，中国建筑工业出版社，1984年）

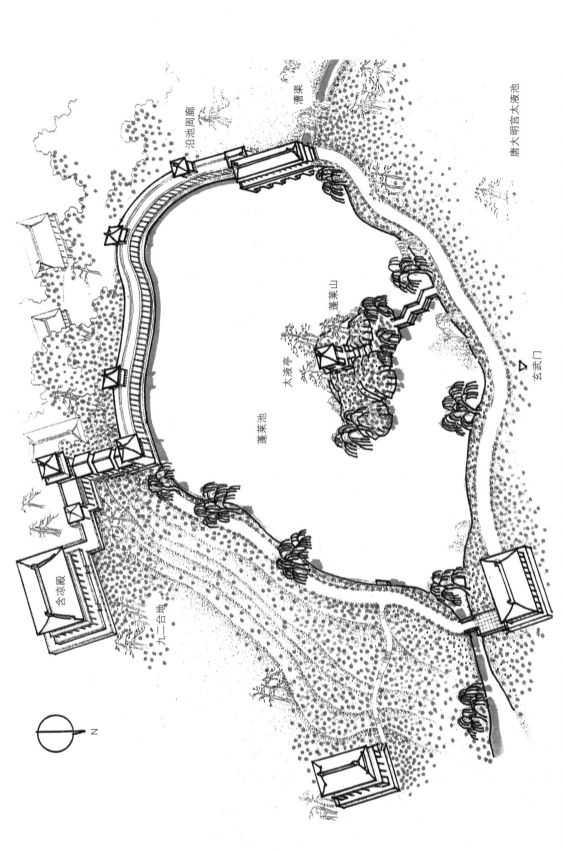

唐大明宫属前宫后园，中国传统式布局。含元殿、宣政殿、紫宸殿、含凉殿等均坐落在面南的九二台地阳坡上。而大液池则布置在九二台地阴坡下的低洼地，标高相差 15～18m。

与大液池相连的还有东池。大液池东西长 500m，南北宽 320m，东池东西长 220m，南北宽 150m。《唐会要》记载：元和十二年（公元 817 年）五月整修，"作蓬莱池，周廊四百间"，

池中有蓬莱山（岛），山上建太液亭。这种水景样式是继承了公元前 141～前 87 年汉武帝刘彻所建章宫大液池的形制，池中立三山，以象蓬莱、瀛洲，方丈三个仙岛。

图 5-12　大明宫苑大液池复原设想图（佟裕哲、杨莉绘于 2003 年）

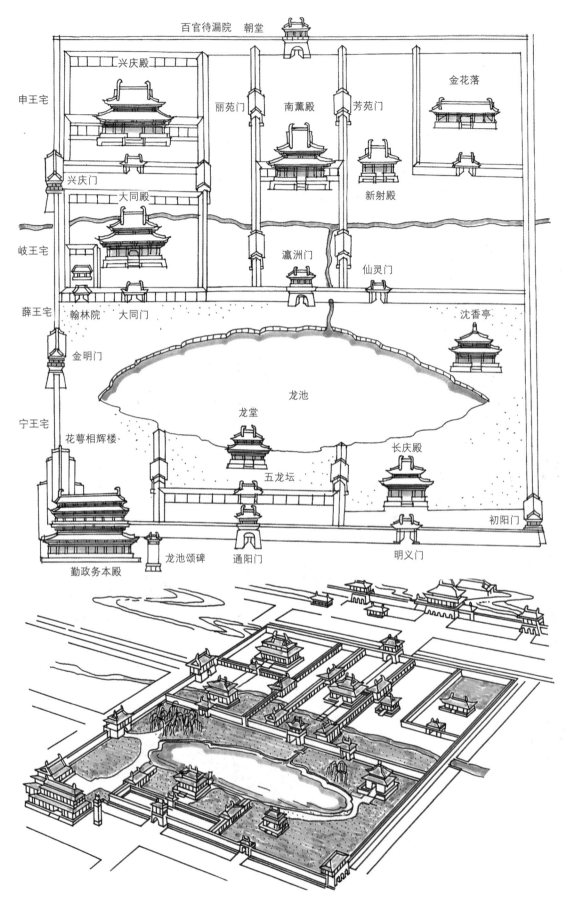

图 5-13　兴庆宫苑与龙池（公元 701 ～ 819 年）（摹自宋吕大防图）

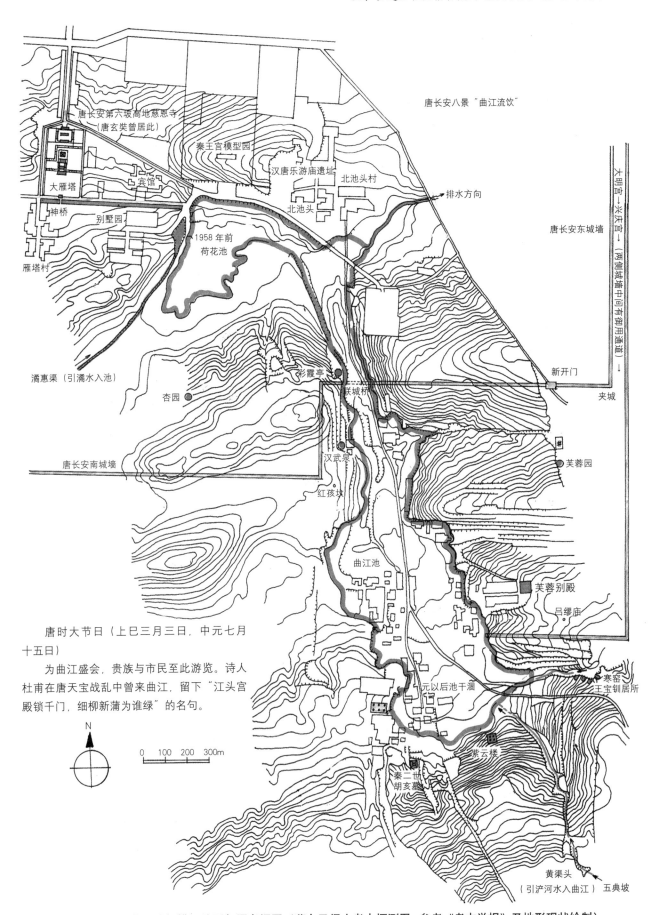

唐长安八景"曲江流饮"

唐长安第六坡高地慈恩寺
（唐玄奘曾居此）

秦王宫模型园

汉唐乐游庙遗址

北池头村

北池头

排水方向

大雁塔

宾馆

神桥

别墅园

雁塔村

1958年前
荷花池

潏惠渠（引潏水入池）

彤霞亭

联城桥

杏园

汉武泉

唐长安南城墙

红孩坟

曲江池

大明宫→兴庆宫→（两侧城墙中间有御用通道）

唐长安东城墙

新开门

夹城

芙蓉园

芙蓉别殿

吕缪庙

唐时大节日（上巳三月三日，中元七月
十五日）

为曲江盛会，贵族与市民至此游览。诗人
杜甫在唐天宝战乱中曾来曲江，留下"江头宫
殿锁千门，细柳新蒲为谁绿"的名句。

元以后池干涸

寒窑
王宝钏居所

紫云楼

秦二世
胡亥墓

黄渠头
（引浐河水入曲江）　五典坡

N

0　100　200　300m

图5-14　唐曲江池规模及池型复原考据图（摹自马得志考古探测图，参考《考古学报》及地形现状绘制）

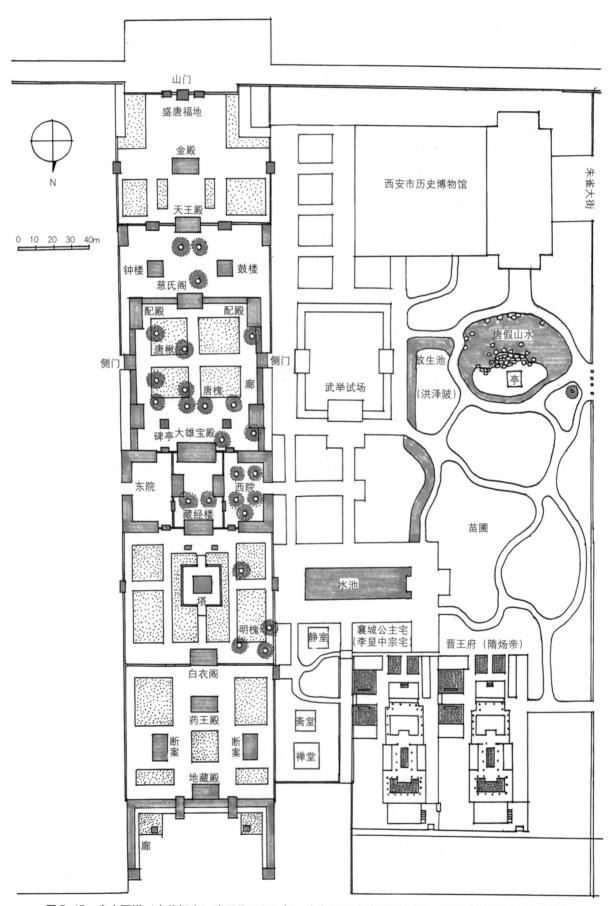

图 5-15 唐小雁塔（大荐福寺）建于公元 684 年，此为 1996 年复原设想图 （佟裕哲 1998 年 11 月绘）

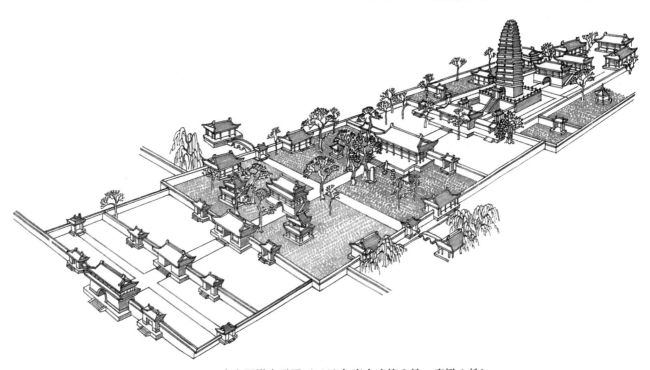

图 5-16　唐小雁塔鸟瞰图（1996 年尚存唐槐 8 株，唐楸 1 株）

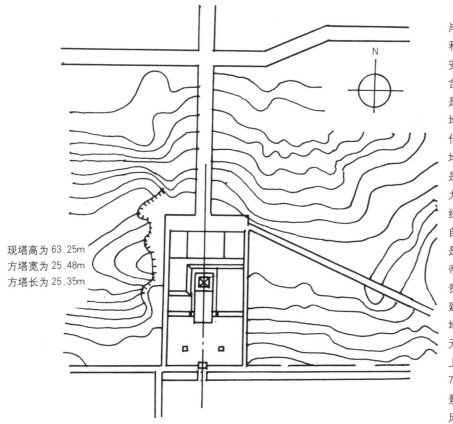

现塔高为 63.25m
方塔宽为 25.48m
方塔长为 25.35m

隋唐长安城六冈，缘起于浐水西岸的龙首原高地，六冈顺序由北向南，和由东向西的走向。九一之地原汉长安城址东南角；九二之地位唐大明宫含元殿址（标高 414.50m），九三之地是现在和平门外地质局院内；九四之地现在西安建筑科技大学院内（原唐代亲仁坊）；九五之地是汉唐乐游原高地（标高 456.80m）。唐青龙寺遗址，是六冈中最高之地，中国礼制传统有九五之尊的说法。隋宇文恺引喻《易经》第一卦为乾卦（"天行健，君子以自强不息"）富有创业的潜意识，所以是吉卦，六冈之中的九五与九二是为帝王之尊所占用，其他是陪衬不足为贵。但第六条高冈（标高为 425.90m）建大雁塔，不属《易经》内涵，却是地景文化的理念，因为 7 层砖塔（公元 647 ~ 702 年间所建）塔高 64m 加上基址高 12m，实际塔的景观效果是78m。所以地景文化概念里既有视觉景观科学的作用，也有景观心理学、风水学的趋吉作用。

图 5-17　唐大雁塔（又称慈恩寺建于公元 645 ~ 702 年）建在长安六冈第六冈

图 5-18 刘鸿典导师于 20 世纪 60 年代对大雁塔群体建筑作过认真细致的写绘（刘鸿典绘，引自《建筑美术家作品集》）

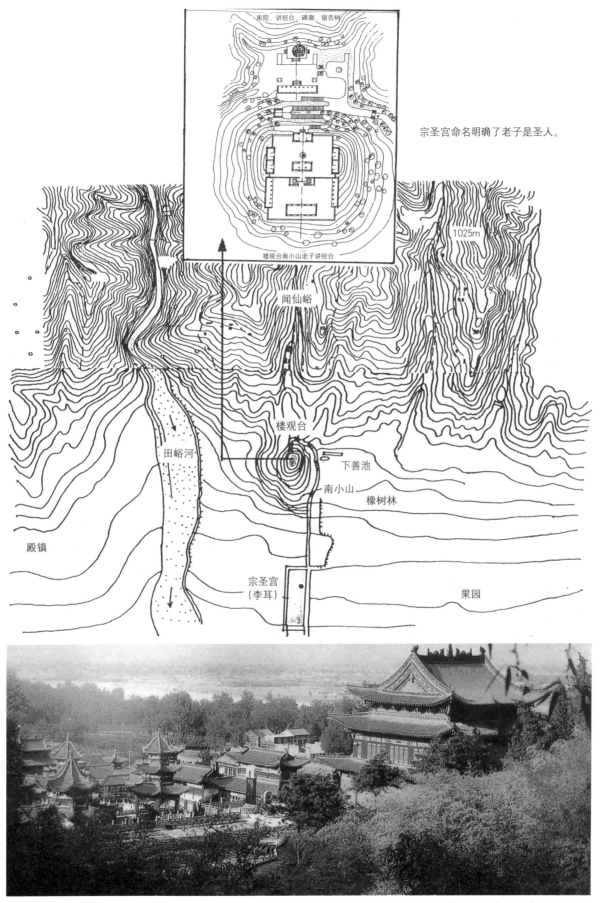

宗圣宫命名明确了老子是圣人。

图 5-19　楼观台老子讲经台与李渊赐建的宗圣宫（公元 620 年建，2005 年重建）（引自和红星主编《古都西安》）

图 5-20　楼观台宗圣宫全景图（周至县城建局供图）

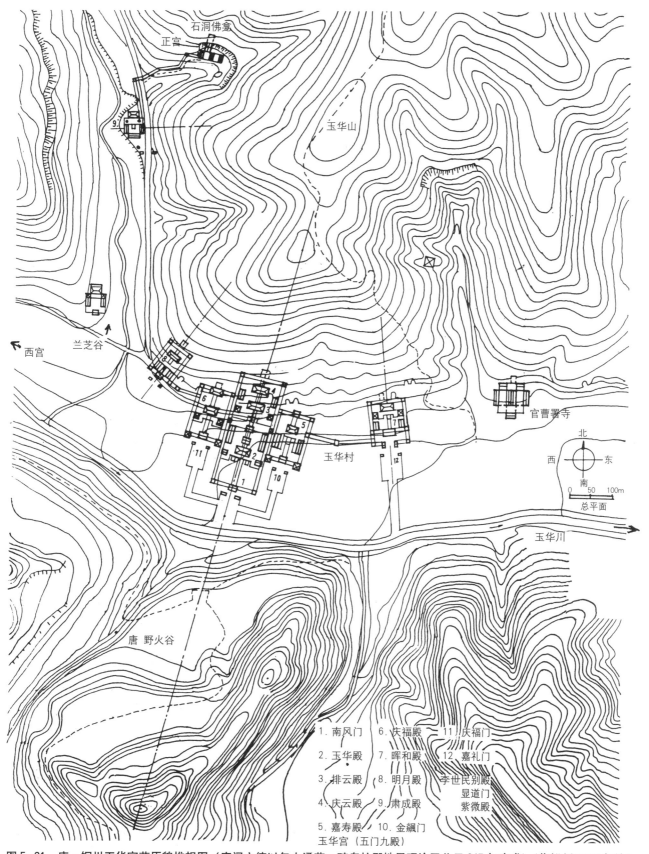

石洞佛龛

正宫

玉华山

9

西宫

兰芝谷

6

4

7

官曹署寺

11

5

玉华村

2

1

10

12

北
西　　东
南

0　50　100m

总平面

玉华川

唐　野火谷

1. 南风门　6. 庆福殿　11. 庆福门
2. 玉华殿　7. 晖和殿　12. 嘉礼门
3. 排云殿　8. 明月殿　　李世民别殿
4. 庆云殿　9. 肃成殿　　显道门
5. 嘉寿殿　10. 金飙门　　紫微殿
玉华宫（五门九殿）

图 5-21　唐·铜川玉华宫苑原貌推想图（唐阎立德以包山通苑，疏泉抗殿地景理论于公元 647 年建成）（佟裕哲 1995 年绘）

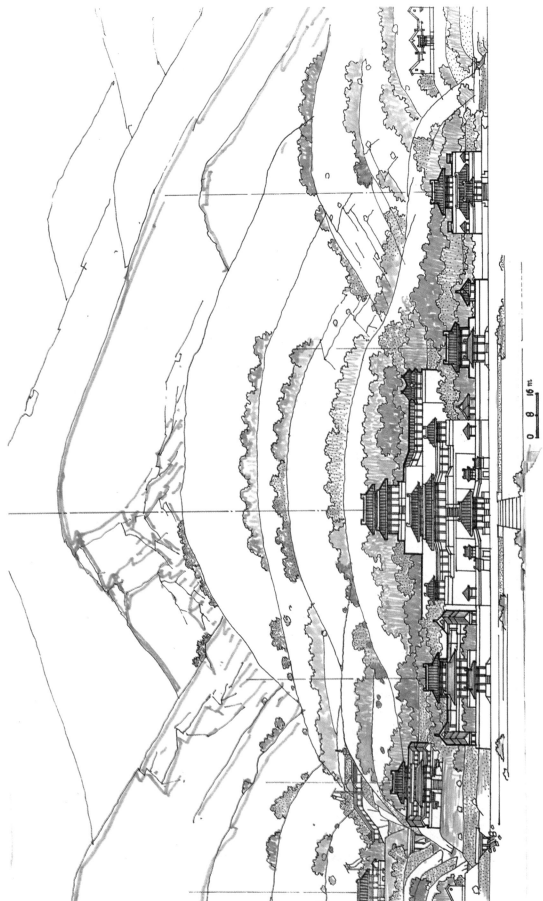

图 5-22　唐铜川玉华宫苑正立面推想图，阎立德运用包山通苑，疏泉抗殿地景理念营建，公元 648 年建成（佟裕哲考察现场井参考《考古学报》、《文史资料》绘）

正宫（兰芝谷）

　　所做推想图是应规划工作的需要，不研究阎立德当年规划玉华宫的理论和手法，就动手做今天的规划，易失之文不对题，图不寓情。公元647年阎立德受命于李世民手诏中的"援制玉华，遵意于朴淳，本无情于壮丽。……以养性全生，怡神祈寿"的旨意。在规划中他根据玉华地势的"层岩峻谷，玄览遐长"的不利因素，采用了"疏泉抗殿，包山通苑"的理论。在具体设计布局时又采取了"即涧疏隍，凭岩构宇"，"工不曰人而曰天，备全其自然之势"的因自然之性因地制宜的设计手法。这应该是主题。当然运用轴线组织宫殿建筑群，也必然会有帝王的雄伟气魄之感。

　　根据上述原意和笔者多次现场观察测绘，融绘成此推想图，意在遵循自然景区与唐代人文文化的和谐。

佟裕哲

1995 年 12 月 16 日于西安

图 5-23　玉华宫正宫（兰芝谷）疏泉抗殿推想图（佟裕哲绘）

（垂直瓮壁上有窟檐建筑和石洞）

西宫（珊瑚谷）

　　所做推想图是应规划工作的需要，不研究阎立德当年规划玉华宫的理论和手法，就动手做今天的规划，易失之文不对题，图不寓情。公元647年阎立德受命于李世民手诏中的"援制玉华，遵意于朴淳，本无情于壮丽。……以养性全生，怡神祈寿"的旨意。在规划中他根据玉华地势的"层岩峻谷，玄览遐长"的不利因素，采用了"疏泉抗殿，包山通苑"的理论。在具体设计布局时又采取了"即涧疏隍，凭岩构宇"，"工不曰人而曰天，备全其自然之势"的因自然之性因地制宜的设计手法。这应该是主题。当然运用轴线组织宫殿建筑群，也必然会有帝王的雄伟气魄之感。

　　根据上述原意和笔者多次现场观察测绘，融绘成此推想图，意在遵循自然景区与唐代人文文化的和谐。

佟裕哲
1995年12月16日于西安

图5-24　玉华宫西宫（珊瑚谷）窟檐建筑想象图（佟裕哲绘）

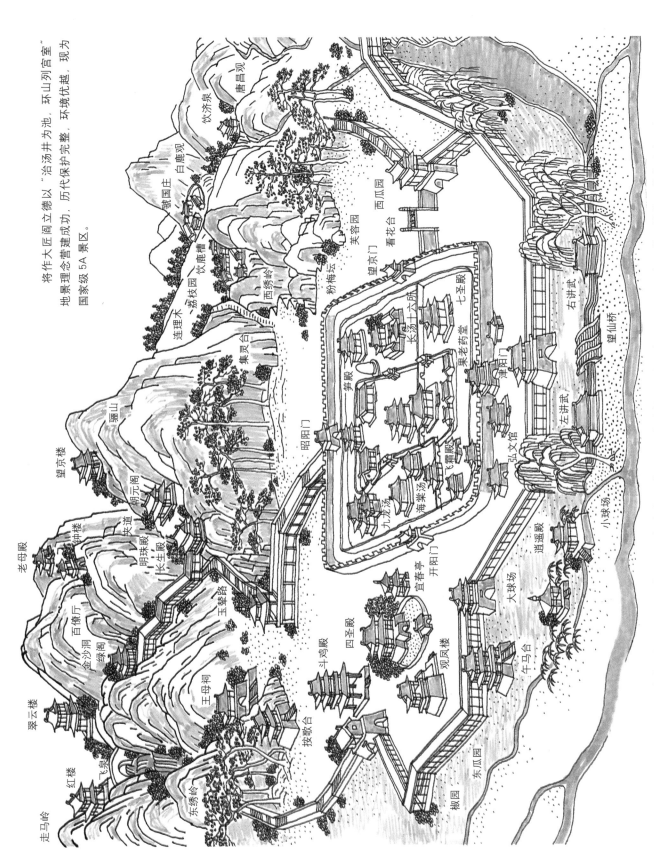

图 5-25　唐临潼华清宫（公元 644 年~747 年建成）　佟裕哲摹自清乾隆四十一年（公元 1776 年）毕沅编著《关中胜迹图志》

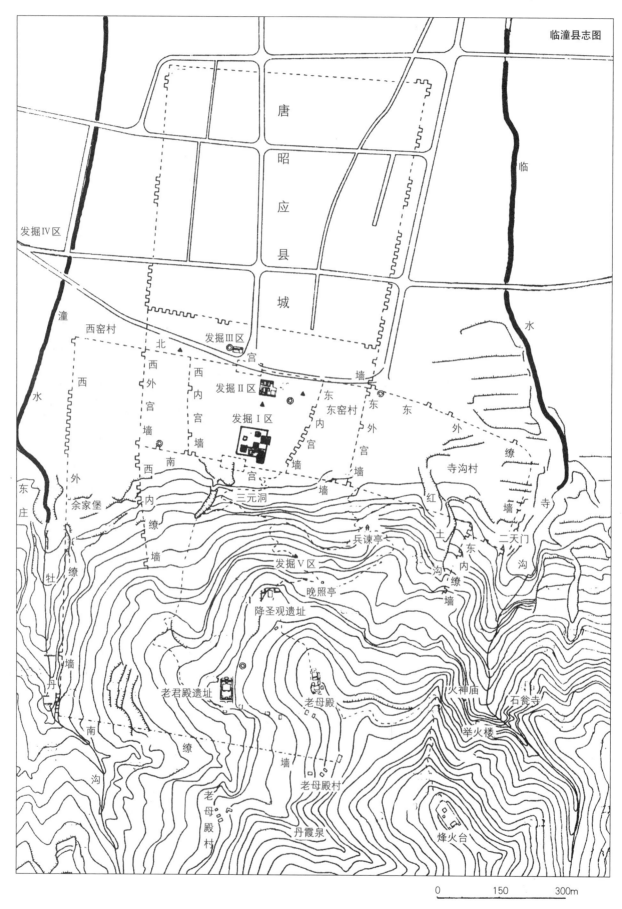

图5-26　唐华清宫遗迹分布图

图 5-27　华清池现状及保护规划图（2008 年西安建筑科技大学建筑学院风景园林研究所刘晖、董芦笛主持规划）

图5-28 唐·华清宫景区保护规划平面图（董芦笛、刘晖主持规划2012年）

图5-29 华清宫景区"山—宫—城"格局剖面示意图

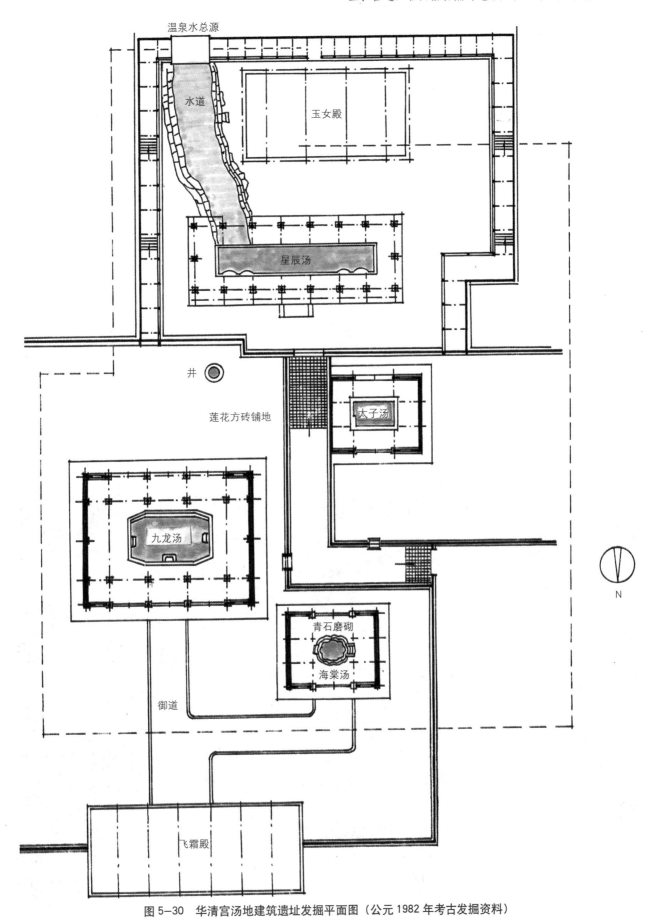

图 5-30　华清宫汤地建筑遗址发掘平面图（公元 1982 年考古发掘资料）

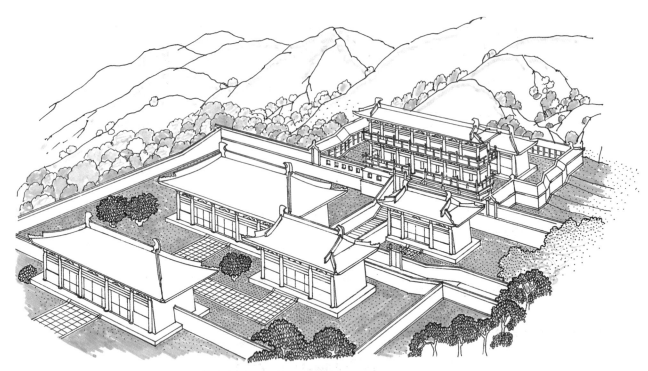

图 5-31　华清宫汤地复原图（1982 年）（陕西古建筑设计研究所供图）

图 5-32　华清宫 2009 年保护规划景观（佟裕哲摄）

图 5-33　华清宫 2009 年保护规划再现唐山水景观（佟裕哲摄）

图 5-34　华清宫 1959 年重建工程景观

1. 章怀太子墓
2. 永泰公主墓
3. 懿德太子墓
4. 下宫
5. 梁山宫
6. 乾陵博物馆
7. 唐人街坊
8. 旅游服务

图5-35　唐乾陵（李治与武则天合墓）保护规划范围图（1987年佟裕哲参加并主持规划）

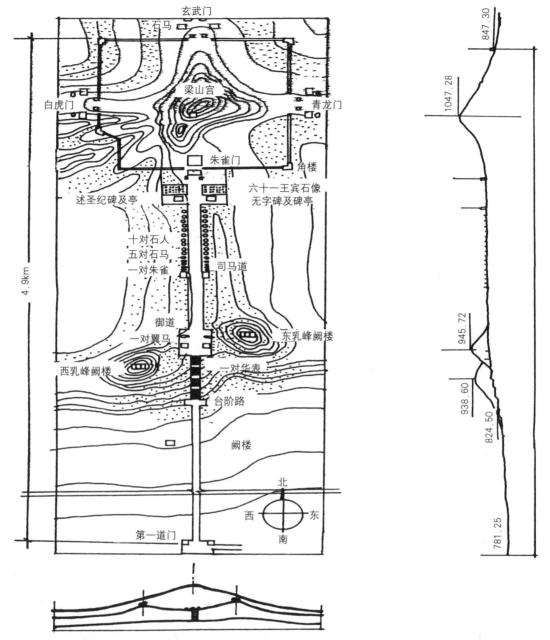

图 5-36　唐乾陵陵园是因借自然地景与因山为陵制的杰作

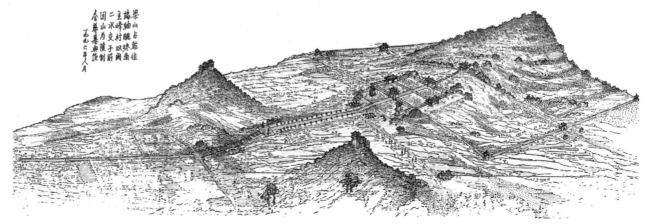

图 5-37　唐乾陵陵园全景图（佟裕哲、秦毓宗绘）

图 5-38　唐乾陵陵园地景建筑规划结合自然（佟裕哲摄）

图 5-39　唐乾陵陵园地景建筑规划结合自然（佟裕哲摄）

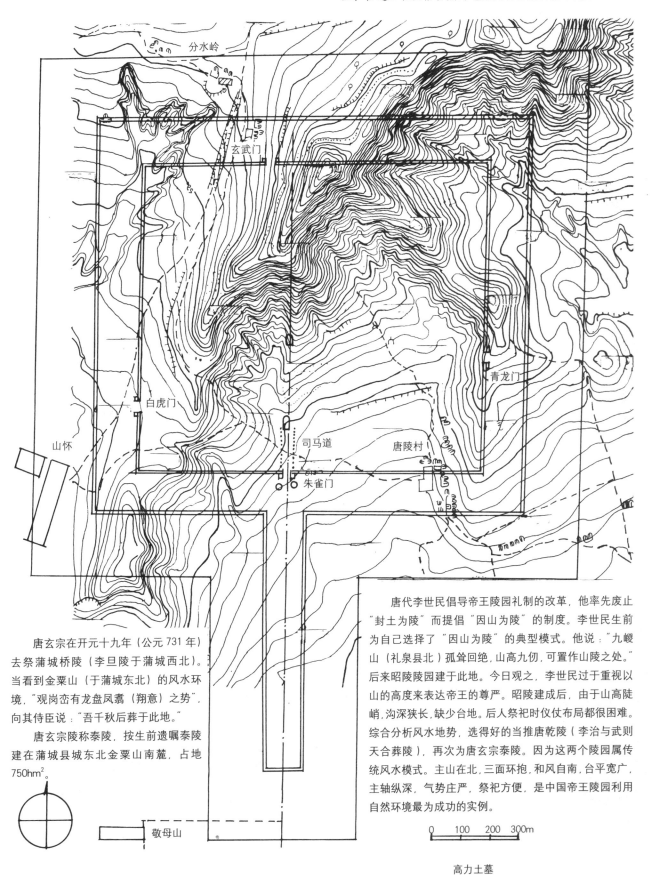

唐代李世民倡导帝王陵园礼制的改革，他率先废止"封土为陵"而提倡"因山为陵"的制度。李世民生前为自己选择了"因山为陵"的典型模式。他说："九嵕山（礼泉县北）孤耸回绝，山高九仞，可置作山陵之处。"后来昭陵陵园建于此地。今日观之，李世民过于重视以山的高度来表达帝王的尊严。昭陵建成后，由于山高陡峭，沟深狭长，缺少台地。后人祭祀时仪仗布局都很困难。综合分析风水地势，选得好的当推唐乾陵（李治与武则天合葬陵），再次为唐玄宗泰陵。因为这两个陵园属传统风水模式。主山在北，三面环抱，和风自南，台平宽广，主轴纵深，气势庄严，祭祀方便，是中国帝王陵园利用自然环境最为成功的实例。

唐玄宗在开元十九年（公元731年）去祭蒲城桥陵（李旦陵于蒲城西北）。当看到金粟山（于蒲城东北）的风水环境，"观岗峦有龙盘凤翥（翔意）之势"，向其侍臣说："吾千秋后葬于此地。"

唐玄宗陵称泰陵，按生前遗嘱泰陵建在蒲城县城东北金粟山南麓，占地750hm²。

图 5-40　唐玄宗泰陵陵园地景及风水选址图

图 5-41 蒲城唐玄宗泰陵司马道两侧石象生完整（佟裕哲摄于 1989 年）

北垞　鹿柴　宫槐陌　茱萸沂　木兰柴　斤竹岭　文杏馆　　　辋口庄　　　孟城坳　华子冈　从辋川口起向上游

图 5-42　唐代诗人王维辋川别业图　佟裕哲摹自清乾隆四十一年（公元 1776 年）毕沅著《关中胜迹图志》

椒园　漆园　竹里馆　白石滩　南垞　金屑泉　栾家濑　柳浪　临湖亭　　　北垞　　　鹿柴　宫槐陌　茱萸沂　木兰柴　斤竹岭　文杏馆

图 5-43　唐代诗人王维辋川别业图　佟裕哲摹自清乾隆四十一年（公元 1776 年）毕沅著《关中胜迹图志》

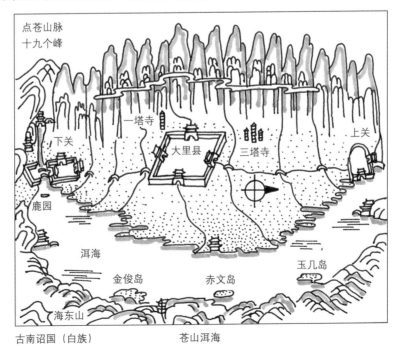

点苍山脉
十九个峰

一塔寺
下关
大里县　三塔寺
上关

鹿园

洱海

金俊岛　赤文岛　玉几岛

海东山

古南诏国（白族）　　　苍山洱海

图 5-44　唐代白族大理市苍山洱海——地景文化典型城市（摹自 1690 年大理府志图）

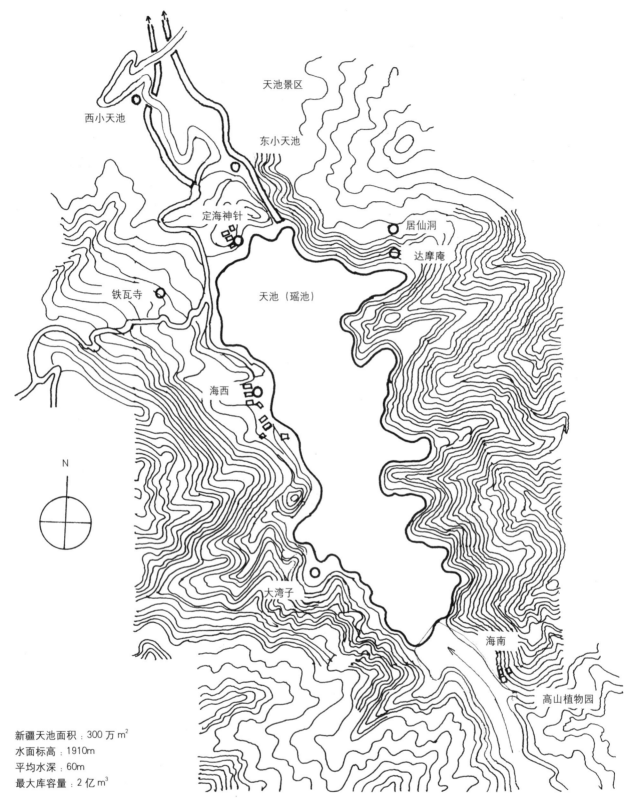

天池景区

西小天池

东小天池

定海神针

居仙洞

达摩庵

铁瓦寺

天池（瑶池）

海西

N

大湾子

海南

高山植物园

新疆天池面积：300万㎡
水面标高：1910m
平均水深：60m
最大库容量：2亿㎥

　　中国园林自然景观中的水景水法，很早就被赋予人文历史观念。经周、秦、汉、隋、唐之后，这种观念已演变成园林水景水法设计的一套形制。如周文王时代的"灵沼"，秦始皇时代的"一池三山"，汉武帝时代的"太液池"，唐太宗时代的"瑶池"以及泮池、海池、泉池等等。"灵沼"、"瑶池"、"太液池"等是超帝王或帝王以上等级的形制。根据古文献记载，最早出现的瑶池是公元510年甘肃泾川县王母宫山阳的瑶池。到了唐代才命名新疆天池、泰山山阳王母池为瑶池。李世民即位皇帝后曾说："有上林而不求瑶池。"可见瑶池形制最高，而且天下只有新疆天池和泰山山阳水池的自然水景形胜，才可赋予瑶池的美称。

图5-45　新疆天池（唐命名瑶池）平面图（引自新疆建设厅风景区规划）

图 5-46　新疆天池（佟裕哲摄）

图 5-47　泰山山阳瑶池（佟裕哲摄）

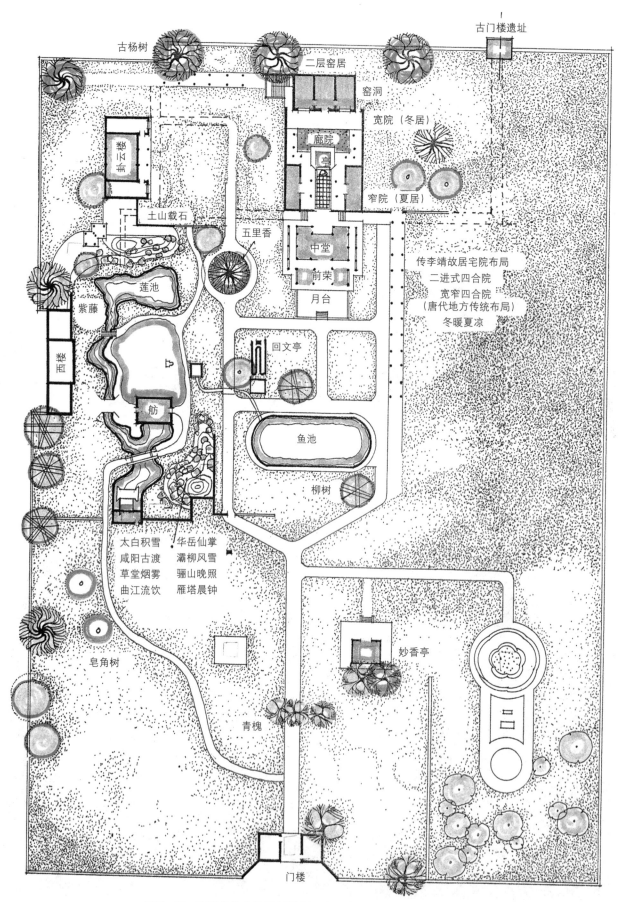

古门楼遗址

古杨树

二层窑居

窑洞

宽院（冬居）

廊院

亭

窄院（夏居）

扪云樊

土山载石

五里香

传李靖故居宅院布局
二进式四合院
宽窄四合院
（唐代地方传统布局）
冬暖夏凉

莲池

中堂

紫藤

前荣

月台

西楼

回文亭

舫

鱼池

柳树

太白积雪   华岳仙掌
咸阳古渡   灞柳风雪
草堂烟雾   骊山晚照
曲江流饮   雁塔晨钟

皂角树

妙香亭

青槐

门楼

图 5-48   唐代名将李靖三原故居（唐园南园遗存）（王树国等绘）

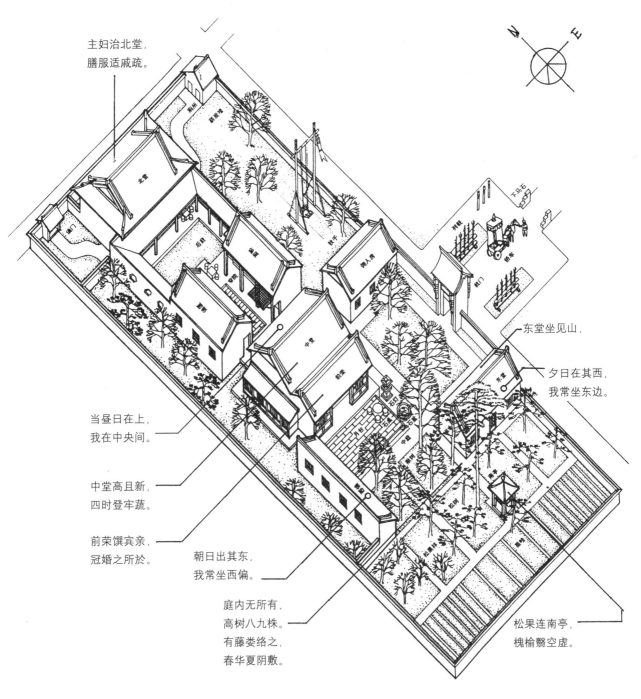

主妇治北堂，
膳服适戚疏。

东堂坐见山，

夕日在其西，
我常坐东边。

当昼日在上，
我在中央间。

中堂高且新，
四时登牢蔬。

前荣馔宾亲，
冠婚之所於。

朝日出其东，
我常坐西偏。

庭内无所有，
高树八九株。
有藤娄络之，
春华夏阴敷。

松果连南亭，
槐榆翳空虚。

示　儿

（《全唐诗》，3826 页）

始我来京师，止携一束书。
辛勤三十年，以有此屋庐。
此屋岂为华，於我自有余。
中堂高且新，四时登牢蔬。
前荣馔宾亲，冠婚之所於。
庭内无所有，高树八九株。
有藤娄络之，春华夏阴敷。
东堂坐见山，云风相吹嘘。

松果连南亭，槐榆翳空虚。
山鸟旦夕鸣，有类涧谷居。
主妇治北堂，膳服适戚疏。
恩封高平君，子孙从朝裾。
开门问谁来，无非卿大夫。
不知官高卑，玉带悬金鱼。
问客之所为，峨冠讲唐虞。
酒食罢无为，棋槊以相娱。

凡此座中人，十九持钧枢。
又问谁于频，莫与张樊如。
来过亦无事，考评道精粗。
趦趑媚学子，墙屏日有徒。
以能问不能，其蔽岂可怯。
嗟我不修饰，事与庸人俱。
安能坐如此，比扇於朝儒。
诗以示儿曹，其无迷厥初。

图 5-49　唐代文学家韩愈长安靖安里屋庐（公元 812 ~ 821 年）想象图（佟裕哲、符英 1996 年绘）

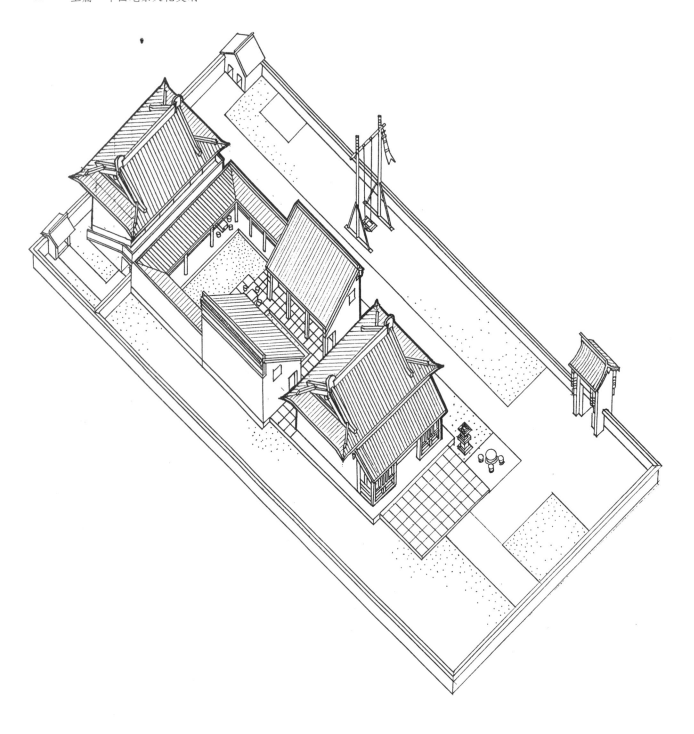

庭　楸

（《全唐诗》，3836 页）

庭楸止五株，共生十步间。	当昼日在上，我在中央间。	我已自顽钝，重遭五楸牵。
各有藤绕之，上各相钩联。	仰视何青青，上不见纤穿。	客来尚不见，肯到权门前。
下叶各垂地，树颠各云连。	朝暮无日时，我且八九旋。	权门众所趋，有客动百千。
朝日出其东，我常坐西偏。	濯濯晨露香，明珠何联联。	九牛亡一毛，未在多少年。
夕日在其西，我常坐东边。	夜月来照之，倩倩自生烟。	往既无可顾，不往自可怜。

依据三原李靖（公元 571～649 年）宅、唐长安韩愈（公元 768～824 年）宅园，有关历史文献记载所作复原推想

图 5-50　唐长安时期的四合院宅园（佟裕哲绘）

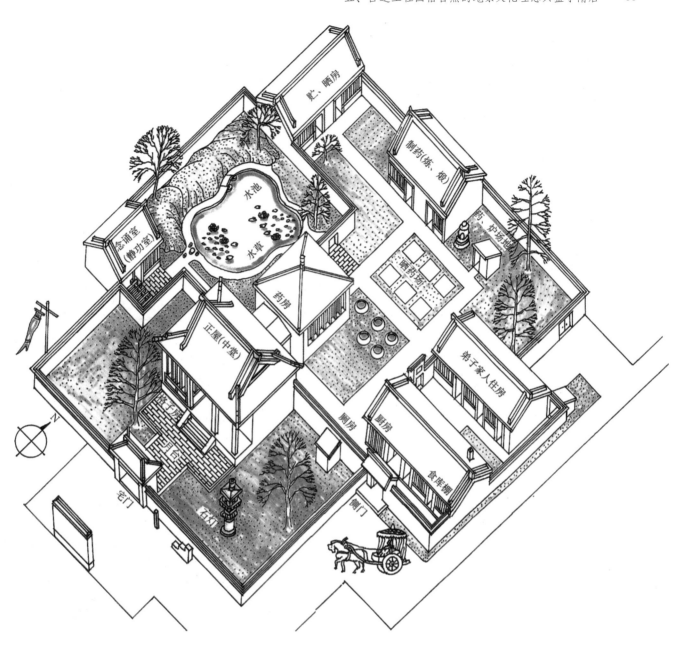

图 5-51　唐代孙思邈医宅院庭布局推想图（佟裕哲、符英绘）

　　孙思邈在其所著《千金翼方》中叙述了他的择居、建房、医诊、构园和养生理论。

　　择地——山林深远固是佳境。独往则多阻，数人则喧杂。必在人野相近，心远地偏，背山临水，气候高爽，土地良沃，泉水清美。如此得十亩，平坦处，便可构居。若有人功可至二十亩，更不得广，广则营为关心，或似产业，尤为烦也。若得左右映带岗阜形胜最为上地。地势好，亦居者安，非他望也。

　　缔创——看地形向背择取好处，立一正屋三间。内后牵，其前梁稍长，柱令稍高，椽上著栈，栈讫上著三四寸泥，泥令平，待干即以瓦盖之。四面筑墙，不然堑垒，务令厚密，泥饰如法。须断风隙。折缝门窗，依常法开后门，若无瓦，草盖令厚二尺，则冬温夏凉。于檐前西间作一格子房以待客。客至引坐，勿令入寝室及见药房。恐外来者有秽气损人坏药故也。

　　若院外置一客位最佳。堂后立屋两间，每间为一房。修泥一准正堂。门令牢固，一房著药，药房更造一柜高脚为之。天阴雾气，柜下安少火。若江北则不须火也。一房著药器。地上安厚板，著地土气恐损。正屋东去十步造屋三间。修饰准上，二间作厨，北头一间作库。库内东墙施一棚，二层。高八尺长一丈，阔四尺，以安食物。必不近正屋，近正屋则恐烟气及人。兼虑火烛，尤宜防慎。于厨东作屋二间，弟子家人寝处。于正屋西北立屋二间通之，前作格子，充料理晒暴药物，以篱院隔之。又于正屋后三十步外立屋二间，椽梁长壮，柱高间阔，以安药炉。更以篱院隔之，外人不可至也。西屋之南立屋一间，引檐中隔著门。安功德，充念诵入静之处。中门外作一水池，可半亩余，深三尺，水常令满，种荷菱茨。绕池种甘菊，既堪采食，兼可阅目怡闲也。

图5-52 1986年佟裕哲带研究生对润德泉（唐大中二年唐宣宗李忱赐名）作现场测绘

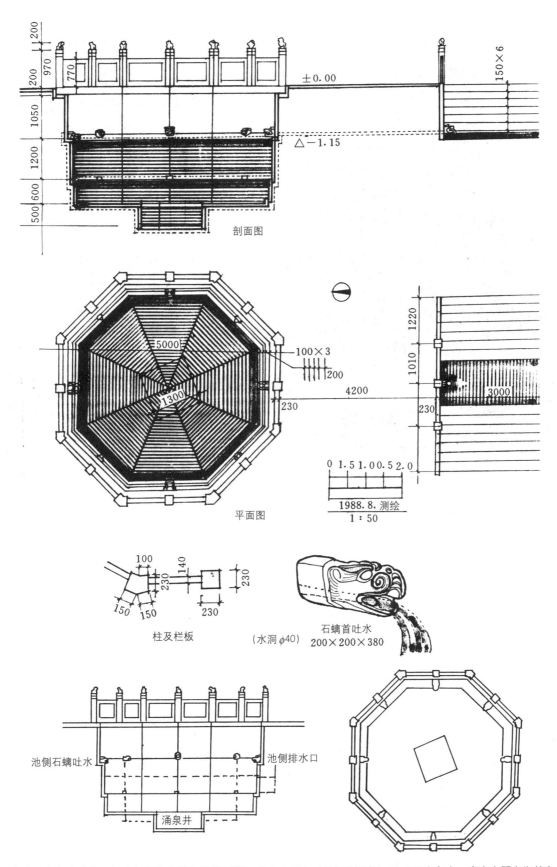

剖面图

平面图

1988.8. 测绘
1:50

柱及栏板

（水洞φ40）

石螭首吐水
200×200×380

池侧石螭吐水　　　　　　　　池侧排水口

涌泉井

　卷阿自古即有泉水流出，但随气候变化常有枯竭时期，唐大中元年（公元847年）11月又出泉水，唐宣宗赐名润德泉，清代又重修，至今保护完整。

图 5-53　润德泉石螭吐水水法（唐代庭园建筑小品）（佟裕哲测于歧山卷阿之阳）

庭园假山水唐三彩陶制模型　　　　　　　　　　凤翔西湖村 1958 年出土唐代寺院庭园石灯

图 5-54　唐代庭园中的石灯笼及假山水

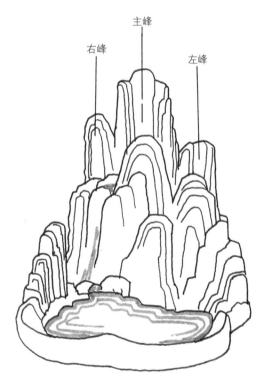

中国古代庭园中的人工山水（又称假山水），依据考古发掘和文献记载，初步认定它起源于唐朝雕塑家杨惠之提出的"粉壁为纸，以石为绘"的塑壁之法，其次是依据西安 1958 年出土的唐墓中冥器——唐三彩陶土人工山水模型，再次是唐代之后五代时期四川出土的塑壁模型。

中国汉唐时的礼制，面南，西为右，东为左。地理上以东为左（山东称山左，山西称山右）。古代礼制尚右，而以左为下位。《史记·汉文帝纪》中："右贤左戚。"汉唐时代基本上是尚右。唐三彩陶土人工山水模型的三峰，主峰最高，然后是右高左低。

图 5-55　唐三彩陶土人工山水模型的三峰，主峰最高，然后是右高左低

图 5-56　西安西郊崇圣寺庭院内置石水盆（莲花石刻），现存
陕西省博物馆碑林馆

楼观台宗圣宫大殿歇山屋顶（右侧为老子手植银杏树原貌）

楼观台山门（青瓦屋顶，木构柱，厚墙垛）

岐山周公庙东南魁星楼

三原东里堡唐园李靖故居（后院二层，底层为砖窑洞）

图 5-57　汉唐风格建筑遗存（佟裕哲 1964 年摄）

六、宋、元两代地景文化持续缓慢发展

(一)北宋至南宋时代(公元960～1279年)

由于受到战争影响,帝王营建工程减少。北宋汴京时代,城址选于一马平川无险可守之地,无自然地形可以利用,着意于对水的因借。工部尚书丁谓立意城市水网水运营建宫殿、街道以及金明池等,具有平地水运都城特色。至南宋时,山野宗教庙观、寺院工程增多,遍布山岳。宋真宗时代泰山"碧霞元君"建到泰山岱顶。宋代道教陈抟老祖因借华山的峭壁、悬崖,营建了玉泉院、希夷洞、云台观、下棋亭、希夷峡等。宋代武当山已成为宫观遍布的道教名山。宋代宗教文化的发展和宫观寺院工程遍布山野,地景文化因之也有长足发展。

郭熙著《林泉高致》,对自然地景评价更青睐于可游可居。"谓山水有可行者,有可望者,有可游者,有可居者。画凡至此,皆入妙品。但可行可望,不如可居可游之为得。现今山川,地占数百里,可游可居之处十无三四,而必取可居可游之品。君子所渴慕林泉者,正谓此佳处故也。"[①]

(二)元大都时代(公元1271～1368年)

元大都引北京西北郊瓮山泊(清称昆明湖)水入城,营建太液池并做一池三山(北海、中海、南海),构成东宫西苑的布局,为后来的明清北京宫城结构奠定了基础。一池三山形制起源于秦兰池宫和汉长安建章宫太液池的布局。元大都时代继承发展了这种传统形制,它与禁宫的南北中轴相平行,在禁宫西侧建成了一池三山。在北京元大都规划中,北海和中海南海连成一体为太液池,琼岛似蓬莱,团城为瀛洲,中海的犀山台似方丈。元代对中国地景文化起到了承前启后的作用,同时元代通过欧洲人马可·波罗来访,也开始引进了西学。

---

① 倪其心等选注.中国古代游记选[M].北京:中国旅游出版社,1985.

金明池夺标图（宋画）

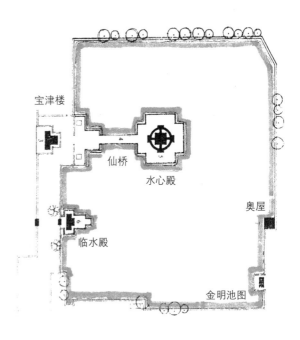

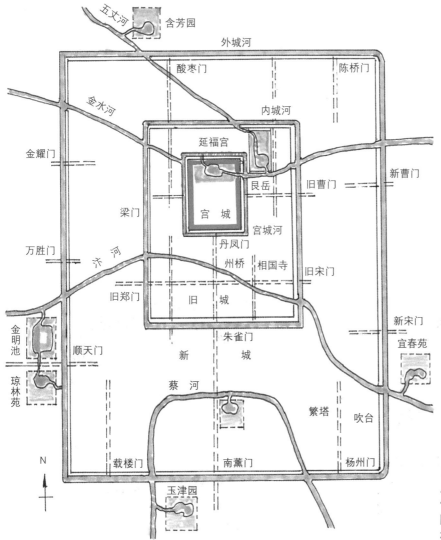

图6-1　北宋东京城（公元951年后周建都）位于大运河中枢，水陆交通便利，商业经济发展，一马平川，无险可守（引自周维权著《中国古典园林史》，清华大学出版社，1990年）

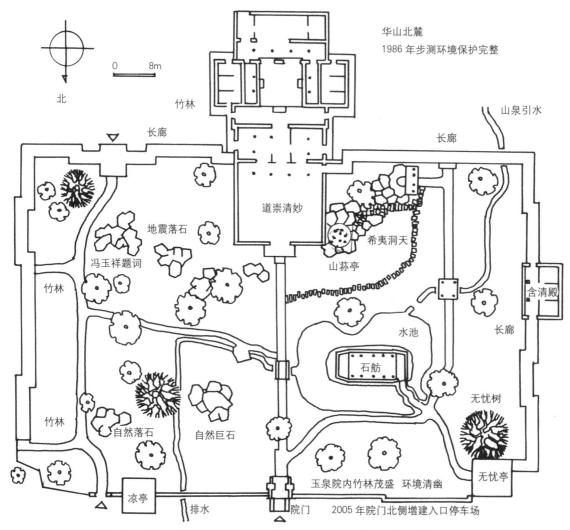

图 6-2　华山玉泉院宋皇祐年间（公元 1049 ~ 1053 年）道士陈抟主持修建

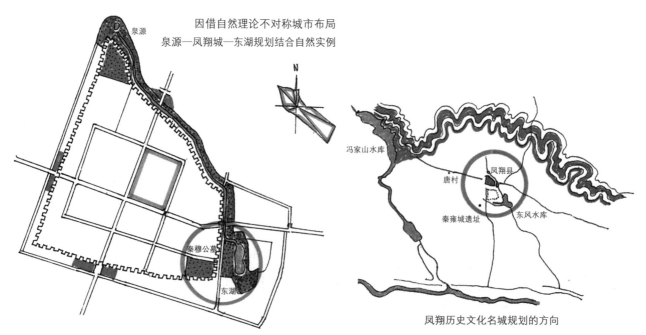

图 6-3　陕西凤翔县城苏东坡主持修建东湖

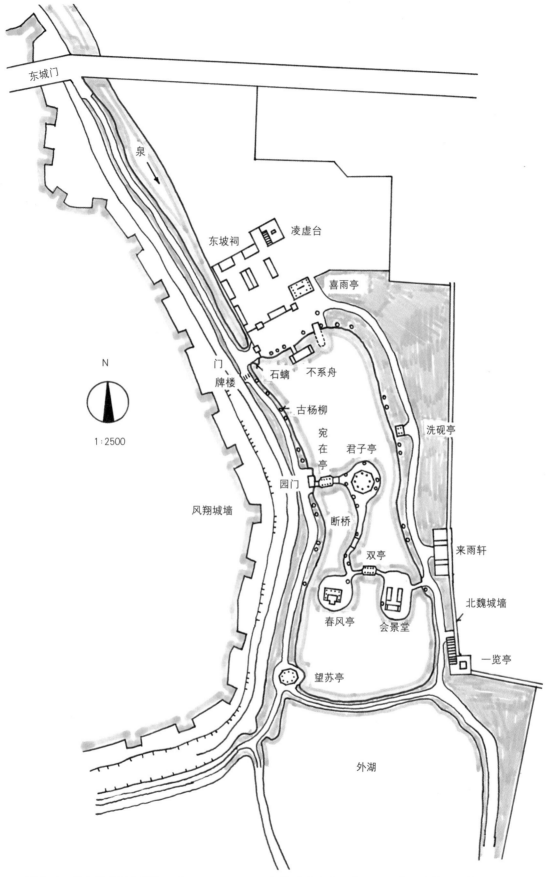

东城门

泉

东坡祠　凌虚台

喜雨亭

N

1:2500

门

牌楼

石螭　不系舟

古杨柳

洗砚亭

宛在亭

君子亭

风翔城墙

园门

断桥

来雨轩

双亭

北魏城墙

春风亭　会景堂

一览亭

望苏亭

外湖

图 6-4　苏东坡在凤翔期间于公元 1061 ~ 1064 年修建东湖喜雨亭，喜雨亭记被载入《古文观止》
（佟裕哲 1964 年 8 月测绘）

图 6-5   凤翔东湖保存完整（佟裕哲 1964 年摄）

七、明、清两代是继承各代地景文化蔚为大成的时代

（一）明代

明代南京城属山水城市，它是在三国时期（公元 220～280 年）吴建业城的旧址上发展起来的，东晋改名建康城。它充分利用了钟山、长江、秦淮河和玄武湖等自然地景因素营建都城。三国时期诸葛亮观察东吴建业城时，很看中城周围的天险和山势，"钟山龙蟠、石头虎踞"，具有固山为城，据江为池的条件。

徐弘祖（公元 1536～1641 年），号霞客，明代地理学家。他博览图经地志，对自然山水景观多有高深的美学概括，《游黄山日记》："黄山之松无一不妙，黄山之石无一不奇。"黄山"山势宏博富丽，有主要山峰三十六座，以多奇松怪石，浩荡云海闻名[①]。""四顾奇峰错列，众壑纵横，真黄山绝胜处。"1990 年黄山被列入世界自然与文化遗产名录。

（二）江南园林——私家宅园的发展

宋以后由于商业经济的发展，私家宅园修建之风逐渐兴起。宋人周密著《吴兴园林记》记载了当时吴兴已有园林 36 处。苏舜钦园主自撰《沧浪亭记》。《梦梁录》记载杭州西湖一带著名私家园林计有 16 处。扬州宋介之著有《休园记》。明代造园家计成主持设计与施工，建造了扬州影园（又称五亩之园）。文征明撰《王氏拙政园记》一文，记述了园内景物有 31 处之多。

计成著《园冶》一书，其中借景及峭壁山两节传递了唐代雕塑家杨惠之的"粉壁为纸，以石为绘"的"壁山水"或塑壁之风，它证实了中国假山水艺术在唐代已开端了。书中大部篇幅讲述了江南宅院造园理论和手法。依北宋画家郭熙《林泉高致》中的可行、可望、可游、可居之致，计成更重视"可望"的视觉心理意匠。注意小空间宅院（壶中天地）的内向与外向、主从与重点、引导与暗示、起伏与变化、曲折与错落、小中见大、空间对比等艺术手法的运用。

《园冶》一书发展了唐代诗僧灵一"青峰瞰门，绿水周舍，长廊步展，幽径寻真，景变序迁"的视觉设计理论。苏州园林中的"步移景异"、空间序列的手法的运用，达到了更为纯熟的境地。在中国古典园林中——唐代园林、江南园林、北方园林、岭南园林四大园林风格中，江南园林占有至高无上的地位。

（三）明十三陵

明代继唐代因山为陵制，改进为依山为陵。将唐代的一帝一陵改为多帝墓位合笼为一陵。

（四）清代（公元 1644～1911 年）

清代中期的宫廷制度有许多改革，如宫廷开支节俭，继承儒学各种经典，屯边守土，致力于国家的统一，国土面积为 1140 万 km²，是明代的 3 倍。[②]

1. 帝王工程规模宏大，清代营建北京城和承德避暑山庄等帝王工程的设计理念，很像隋唐两代的气魄和理念。颐和园采用的是笼瓮山与瓮山泊为苑，冠山构殿。它的气势超过唐代的离宫。乾隆著《万寿山清漪园记》："盖湖之成以治水，山之名以临湖（昆明湖），既具湖山之胜概，能无亭台之点缀乎？事有相因，文缘质起。"（从"形胜"到"胜概"进一步阐述了人工工程因藉自然的地景文化理念）。现在颐和

① 倪其心等选注．中国古代游记选 [M]．北京：中国旅游出版社，1985．
② 柏杨．中国人史纲 [M]．北京：同心出版社，2005．

园已列入世界文化遗产名录。它是今天世界上保存最好最完整并以中国地景建筑理论建造起来的离宫。看到颐和园和避暑山庄，就可以想象到唐代的九成宫"笼碧城山与西海为苑"和玉华宫，华清宫的"包山通苑"，"疏泉抗殿"的理论与气势。

2. 清代保护了万里长城的山海关、居庸关、嘉峪关等。万里长城大都建在山岭最高处（分水岭），"沿着山脊把蜿蜒无尽的自然山势勾画出清晰的轮廓，并在城上建有无数坚实雄壮的敌台，与耸立于崇山峻岭上的烽堠墩台遥相呼应，高低起伏，雄奇险峻"。① 万里长城军事工程与山势龙脉的融合，呈现出地景文化的最高境界，它是世界上最伟大的工程之一。1987年被列入世界文化遗产名录。

3. 拉萨布达拉宫建筑群始建于松赞干布王时期（公元617～650年），清顺治二年（公元1645年）由五世达赖喇嘛续建，历时50年竣工。它属于"包山通苑"，"冠山抗殿"地景建筑类型。山前为城，山（红山）中冠顶为宫，山后为苑。宫殿建筑总高200余米，外观13层，是冠山抗殿、依壁建筑、台级建筑多种类型融合的地景建筑。布达拉宫依山耸立，气势磅礴，是高原建筑的代表。1994年列入世界文化遗产名录。

4. 清代帝王陵墓依山为陵与地景文化。唐代提倡"因山为陵"改变了隋以前的"封土为陵"的制度。唐代因山为陵，多选在一个孤立的高山，每个高山安置一个陵墓，如唐昭陵（李世民）选在北山之巅九嵕山上，乾陵（李治与武则天）选在梁山高峰，泰陵（玄宗）也选在一个孤峰金粟山下。至明清环山麓为陵"集帝王墓群为陵"较唐代有进一步发展。如明十三陵选在北京昌平天寿山下环山麓开阔地带，分布13个墓位组群。清东陵选在河北遵化县昌瑞山下，环山麓分布15个墓位组群。群葬较孤葬有改革，环山麓围合以山为背景，景观上也有提升。清昌瑞山东陵属"一峰挂笏，状如华盖"，选址着眼于地景景观秀丽，地势开阔。且具有风水模式中的祖山龙脉、穴位及案山朝山等诸多丰富的地景形胜。一个帝陵占一个小山头好穴位，构成总体上的气势宏伟。清东陵孝陵（顺治帝）北依昌瑞山为祖山，还有龙脉南伸三个层次的少祖山相衬托，陵墓穴位坦平，两侧有马兰河（东）与西大河（西）二水萦绕环抱，墓园穴位正南为朝山（金星山），孝陵南北空间轴线长达5600m②，较唐代乾陵南北轴4900m还长。是一处宏伟的实例。笔者于2011年8月曾步测孝陵南北主轴线上的空间布局。发现平面上的影壁山环行路与龙凤门北及小石桥北环行路均因借地势，带来了神道空间上的曲折变化。清东陵选址人杜如预、杨宏量，和陵墓设计主班人雷思超、雷廷昌等切实地做到了地景学上的"合形辅势"。它是近世纪陵墓营建的杰作。英国科学史泰斗李约瑟（J.Needham）说："皇陵在中国建筑形制上，是一个重大的成就，……它整个图案内容，也许就是整个建筑部分与风景艺术相结合的最伟大的例子。"2000年清东陵、清西陵均列入世界文化遗产名录。

5. 清初著名诗人施闰章著《游九华记》（《中国古代游记选（下）》281页）："天柱峰最高，俯视化域为一盂。绝壁矗立，乱山无数，所谓九十九峰者。迷离莫辨，如海潮涌起，作层波巨浪。青则结绿，紫则珊瑚，夕阳倒蒸，景眩夺目。盖至此而九华山之胜乃具。"

清·袁枚《游桂林诸山记》（《中国古代游记选（下）》）（330页）："大抵桂林之山，多穴、多窍、多耸拔，多剑穿虫啮；前无来龙，后无去踪，突然而起，戛然而止；西南无朋，东北丧偶；较他处山尤奇。"

6. 清·刘尔榉《桥山陵古柏赋》中：

"维上郡之列域兮，山则力以多奇。耸子午以衍灵兮，历双钟而分支。合三川以右溁兮，凤凰高峙于西坡。揖衙岭而止兮，诸峰环卫而共之。王气郁郁万年兮，相传轩辕帝衣冠葬于斯。"

1986年笔者踏勘黄帝陵，发现墓冢标高970m，后依龙首1021m，祠置842m于凤凰岭下，这三个数字，恰与《易经》九二、九五吉位相和。刘尔榉之诗，诗中有景，景中有风水之胜，诚是一篇意深象高之佳作也。

7. 清代毕沅任陕西巡抚时著有《关中胜迹图志》收入《四库全书》。毕沅认为十三代王朝历史遗迹自成周而后，以迄秦汉隋唐各代建国都是以胜躅名踪（因借地景文化形胜），甲于他省。

---

① 刘敦桢．中国古代建筑史[M]．北京：中国建筑工业出版社，1984.

② 魏兆环，晏子友等．清东陵[M]．北京：中国社会科学文献出版社，1995.

综上所述，中国地景文化的产生与发展，已有五千年的历史与文化积淀，是构成中国传统文化的重要内涵。从对自然景象的感知到自然形胜的认定，再上升到人文心理与"形胜"、"胜概"理念的融合，以及风水学观念的出现，这些都呈现出中国地景文化固有的原型和本色，如山水城市、风水城市、山水园

林等。在中国人居环境历史发展的概念上，不仅"建筑"、"地景"、"城市"是三位一体，而且景观、风水和环境三者之间亦是词意相通，形胜与风水、风水与景观心理也具同义，这使我们不仅认识到中国地景文化的内涵和意义，同时也厘清了它与相关学科之间的固有的内在的联系。

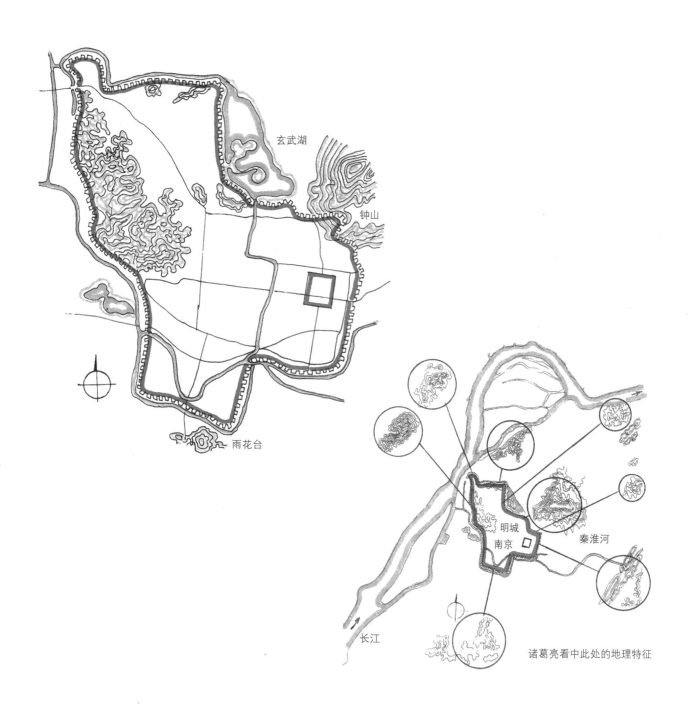

图 7-1　明代南京（初称建康城）都城山水城市特征——钟山龙蟠、石头虎踞，具有固山为城，据江为池的条件，属因山借水的地景文化实例

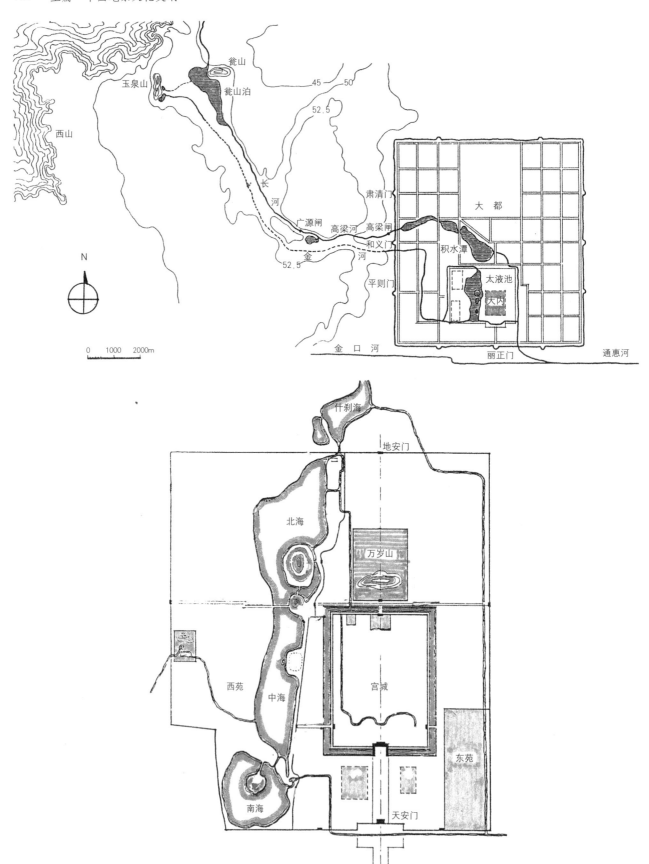

图7-2　清代北京城在元大都、明北都的基础上发展扩大（公元1709～1903年间增建圆明园、颐和园、乾隆花园、恭王府花园等），是中国礼制都城的典型，紫禁城是世界最后一座星辰之都，建筑家梁思成说：地球上最伟大的工程就是北京城了。
（引自周维权著《中国古典园林史》，清华大学出版社，1990年）

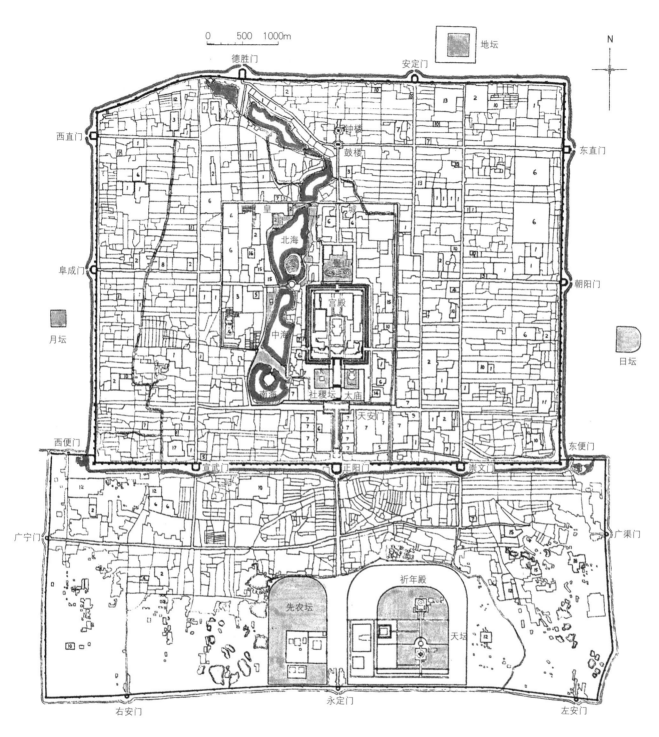

图7-3　清北京都城格局是宫城居中，南北轴线，左祖右社，九门九关。北京故宫于1987年列入世界文化遗产名录
（引自刘敦桢著《中国古代建筑史》，中国建筑工业出版社，1984年）

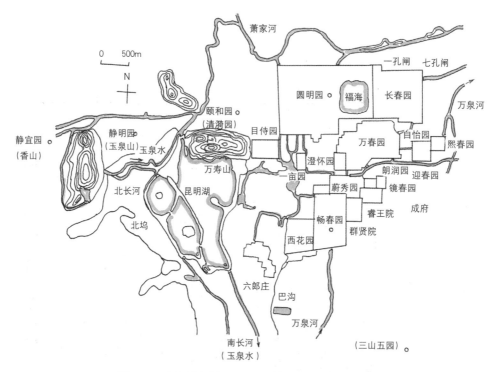

图7-4 北京城因借西郊山水地景形胜广营帝王苑园

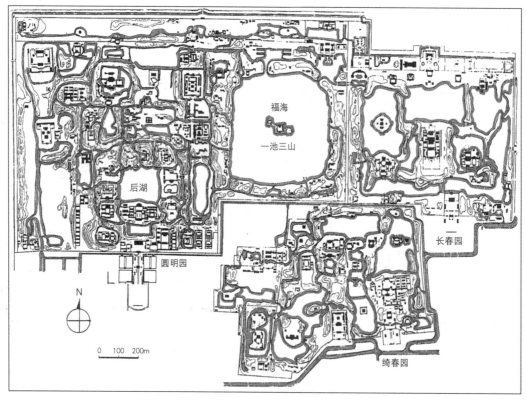

圆明园始建于清康熙四十八年（公元1709年），雍正在位13年中已完成了30景（共40景）。圆明、长春、绮春合称圆明三园。它汇集了中国历代园林建筑的精华和特点，又大胆地吸收了欧洲园林文明。

福海延续继承了汉代建章宫一池三山传统景观。长春园北侧的海晏堂、远瀛观是一组中西合璧式的园林建筑。公元1860年为英法联军所毁。法国作家雨果在致巴特莱上尉的一封信中谴责了英法联军的侵略破坏行为，雨果说中国的"夏宫"（圆明园）是亚洲文明的一个剪影。"它是一个令人叹为观止的、无与伦比的艺术杰作。"

图7-5 清代乾嘉时期圆明园平面图（世界帝王园之最）

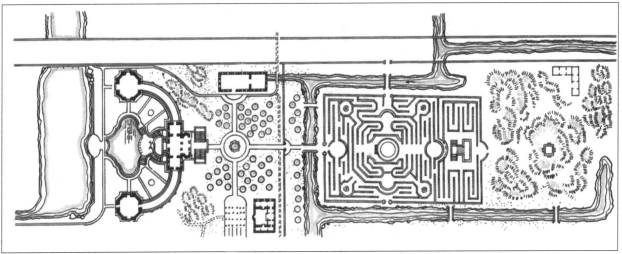

　　1715 年，意大利耶稣会的约瑟·迦斯提里阿纳，汉名郎世宁，以绘画供奉内廷。1747 年，乾隆命作圆明园西洋水法及西洋宫殿建筑之事，郎世宁推荐法国教士蒋友仁参与大水法的设计施工。

图 7-6　圆明园中长春园是中西合璧式园

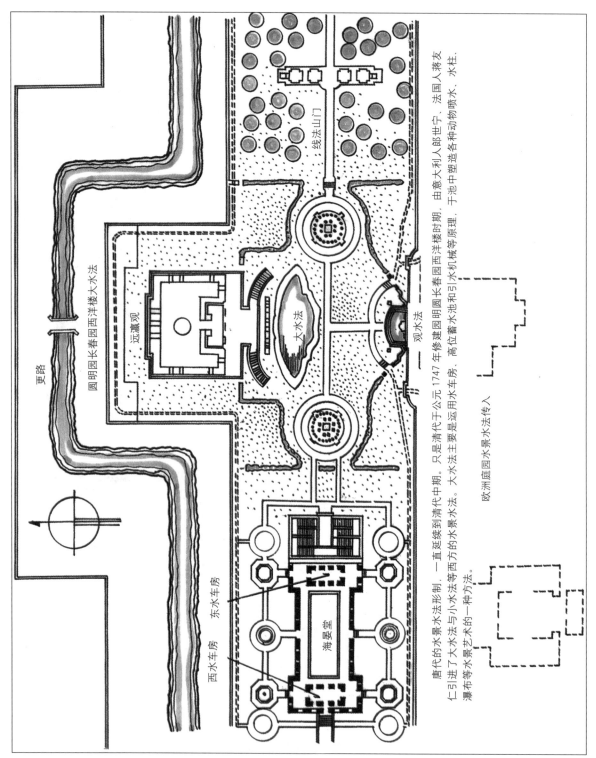

圆明园海晏堂、远瀛观等是一组中西合璧式样的建筑。1860 年，遭英法联军焚烧劫掠。

图 7-7　圆明园中引进了西洋楼与大水法

唐代的水景水法形制，一直延续到清代中期。只是清代于公元 1747 年修建园明园长春园西洋楼时期，由意大利人郎世宁、法国人蒋友仁引进了大水法与小水法等西方的水景水法。大水法主要是运用水机械和引水机械等原理，高位蓄水池和引水车房，于池中塑造各种动物喷水、水柱、瀑布等水景艺术的一种方法。

欧洲庭园水景水法传入

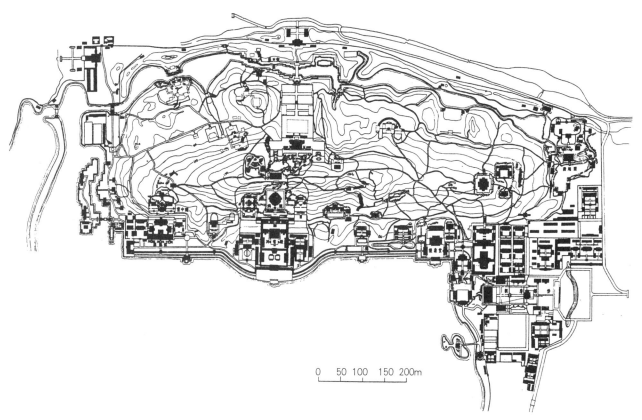

　　颐和园布局属"笼山水为苑,冠山抗殿"因借自然地景建筑理论体系。笼瓮山与瓮山泊为苑,瓮山阳坡主轴构筑佛香阁建筑群,以壮帝王之威严。乾隆著《万寿山清漪园记》:"盖湖之成以治水,山之名以临湖（昆明湖）。既具湖山之胜概,能无亭台之点缀乎？事有相因,文缘质起。"

图7-8　北京颐和园

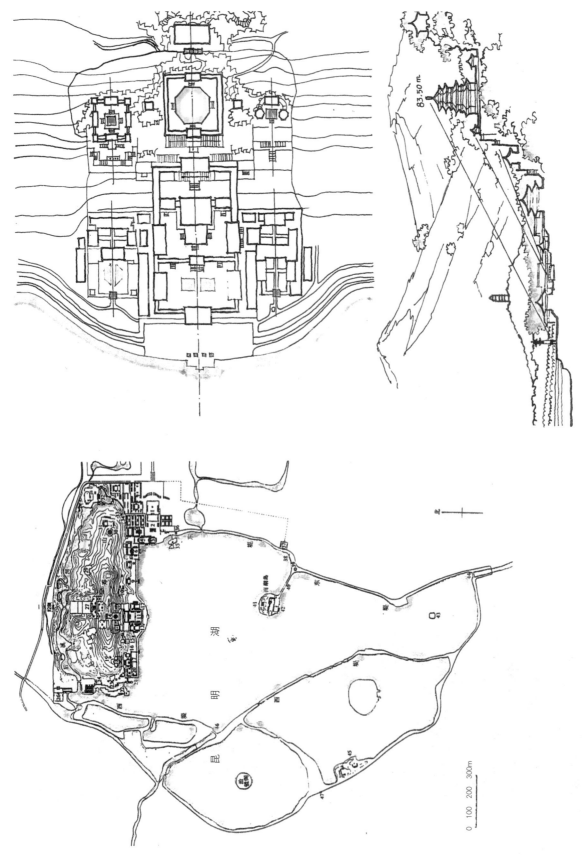

半山建筑群延续了隋宇文恺在仁寿宫（唐改九成宫）采取的"笼山为苑，冠山抗殿"的传统意匠和手法，是"笼山为苑，冠山抗殿"中国地景理论营园的典型。

清北京颐和园雷声激主班意匠做工精细，昆明湖借鉴杭州西湖西湖白堤，苏堤，万寿山佛香阁的高度与玉泉山琉璃塔遥相呼应。颐和园于 2003 年列入世界文化遗产名录。

图 7-9　清北京颐和园山水园布局

图 7-10　颐和园后山院内跌落式爬山廊与松林对应（动与静横与竖巧妙的节奏感）（佟裕哲 1996 年摄）

　　台是观景建筑的一种类型。从庭院中月台到廊台、楼台，形式多样。《老子》二十章："如春登台"，证实了公元前560年前后已有观景活动了。

　　仇英绘的是古代的"台"。《老子》二十章："若乡于大牢，而春登台（如春登台）。"春日登台观景是一大快事。"台"是中国古代的一种建筑类型。古代还有"通天台"（《汉书·武帝纪》：元封二年（公元前109年）建甘泉通天台，可望见长安），台还可以观星祭天。

图7-11　明代仇英绘《吹箫引凤》描绘秦穆公（公元前659年）之女弄玉在凤楼上吹箫的故事

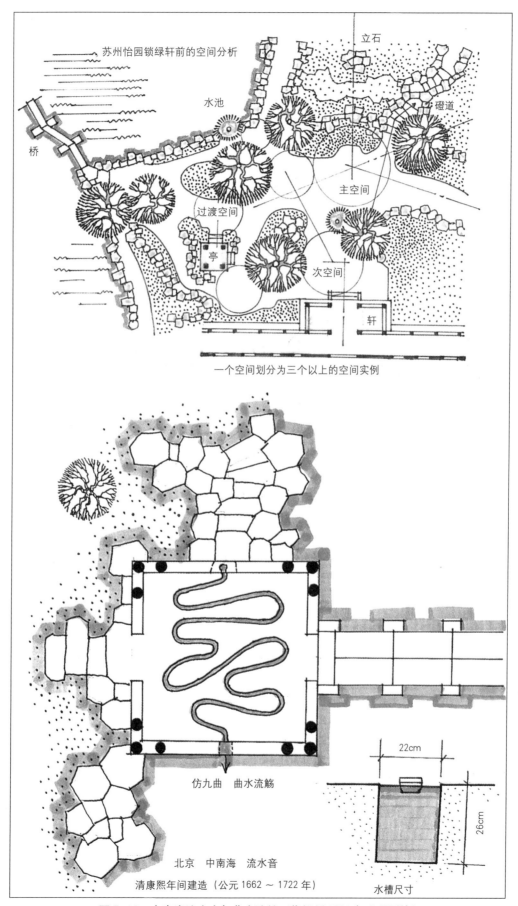

苏州怡园锁绿轩前的空间分析

立石

水池

磴道

桥

主空间

过渡空间

亭

次空间

轩

一个空间划分为三个以上的空间实例

仿九曲　曲水流觞

22cm

26cm

北京　中南海　流水音

清康熙年间建造（公元 1662 ～ 1722 年）

水槽尺寸

图 7–12　中南海流水音与曲水流觞（佟裕哲 1982 年 6 月测绘）

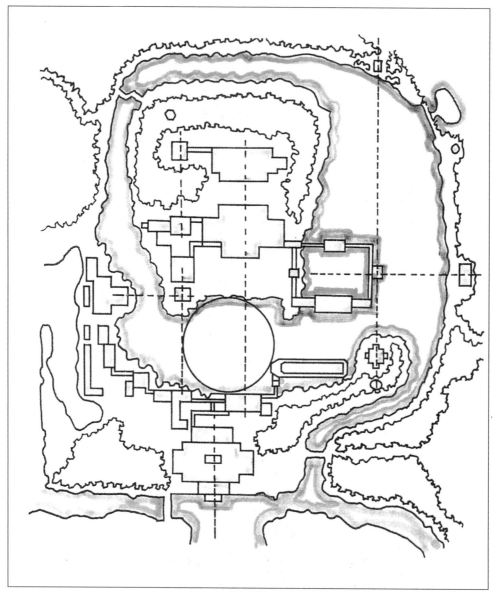

圆明园濂溪乐处的水面空间划分方法

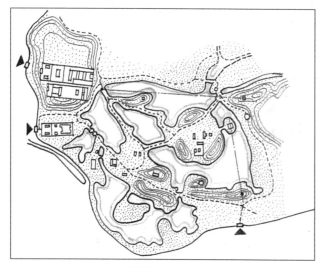

承德避暑山庄水面

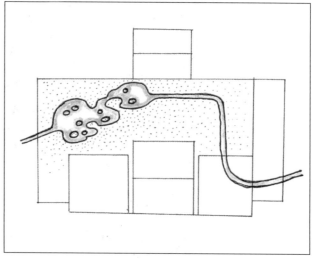

洛阳武则天后宫院内九洲池，属多层次复合水面空间划分的方法

图 7-13　清代水景及池型设计意匠——中国山水园水面空间的划分方法

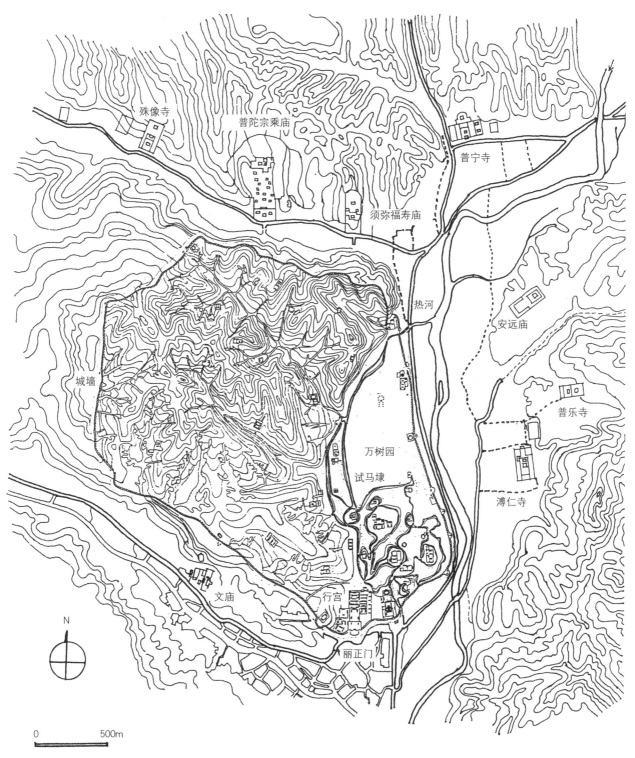

避暑山庄（热河十景、行宫及外八庙于公元 1703～1792 年间建成）。行宫及外八庙均属因借自然，背山面湖、山峦起伏、草木蓊郁，宫殿亭榭掩映湖沼洲岛错落，风光旖旎，巧夺天工而成。是继隋唐之后帝王工程设计因借自然，地景布局成功之典型实例，于 1994 年列入世界文化遗产名录。

图 7-14　清代承德避暑山庄是一组因山借水的地景文化实例，行宫格局属前宫后苑

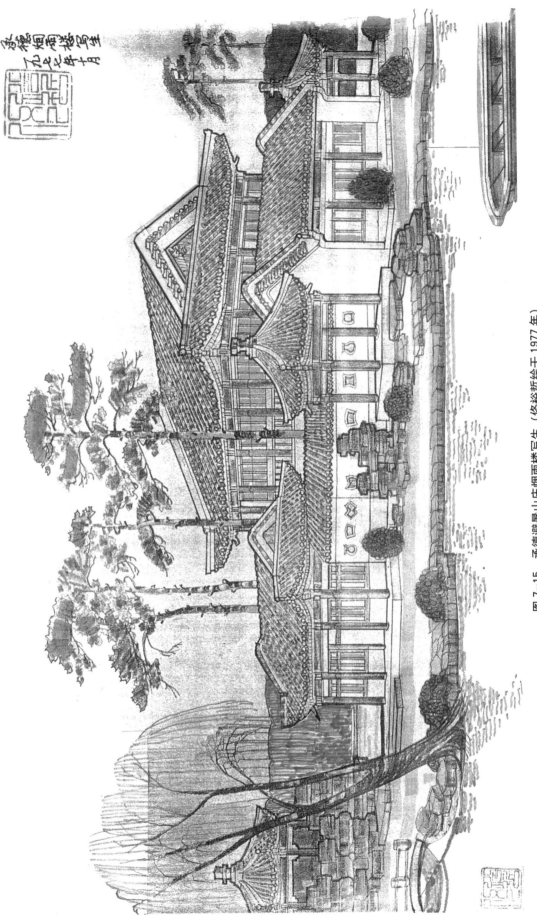

图 7-15　承德避暑山庄烟雨楼写生（佟裕哲绘于 1977 年）

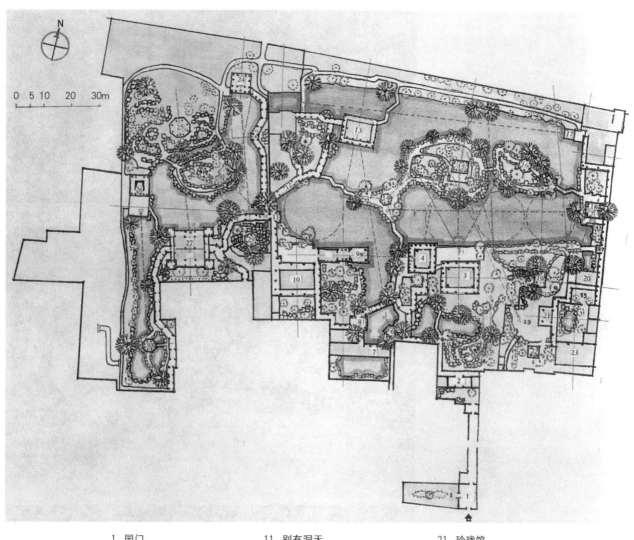

1. 园门	11. 别有洞天	21. 玲珑馆
2. 腰门	12. 柳荫曲路	22. 嘉宝亭
3. 远香堂	13. 见山楼	23. 听雨轩
4. 倚玉轩	14. 荷风四面亭	24. 倒影楼
5. 小飞虹	15. 雪香云蔚亭	25. 浮翠阁
6. 风亭	16. 北山亭	26. 留听阁
7. 小沧浪	17. 绿漪亭	27. 三十六鸳鸯馆
8. 得意亭	18. 梧竹幽居	28. 与谁同坐轩
9. 香洲	19. 绣绮亭	29. 宜两亭
10. 玉兰堂	20. 海棠春坞	30. 塔影亭

图 7-16　苏州拙政园平面测绘图（佟裕哲 1957 年实地测绘）

拙政园池岸与石雕

拙政园月洞门

人工花、草、石组景与自然感

图 7-17　苏州园林景点细部（佟裕哲 1957 年摄）

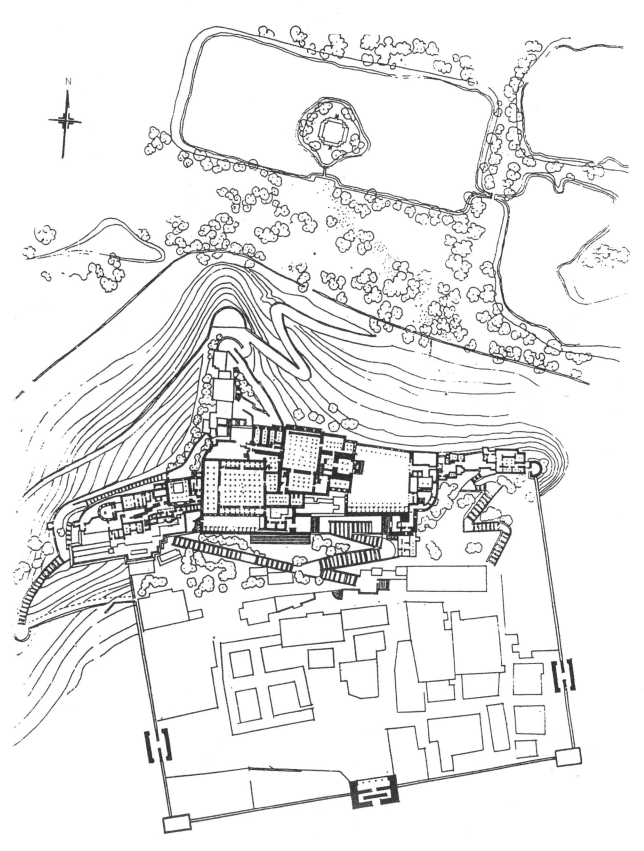

图 7-18 中国地景建筑理论"笼山水为苑,冠山抗殿"运用于拉萨布达拉宫的营建,
前城中宫后园一体,是最为成功的实例(引自屠舜耕著《西藏建筑艺术》,《建筑学报》1985 年第 8 期)

图 7-19　西藏布达拉宫

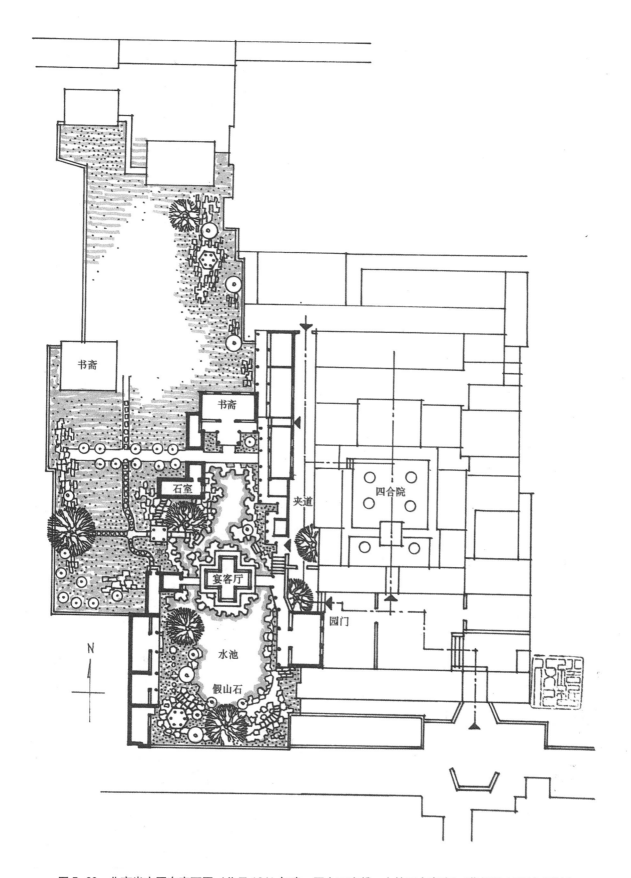

书斋

书斋

石室

亭

宴客厅

夹道

四合院

园门

N

水池

假山石

图 7-20　北京半亩园东宅西园（公元 1841 年建，园主王庆麟，主持匠人李渔）（佟裕哲 1957 年测绘）

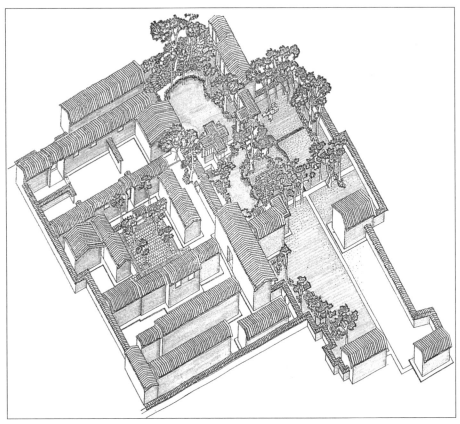

图 7-21　半亩园宅园鸟瞰图（张艺凡绘，佟裕哲指导）

图 7-22　园门及俯视图（佟裕哲 1957 年摄）

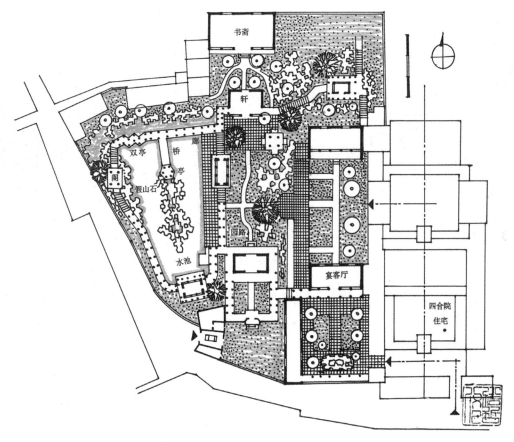

图 7-23　北京桂春园（位于西斜街，清末某太监宅）（佟裕哲 1957 年测绘）

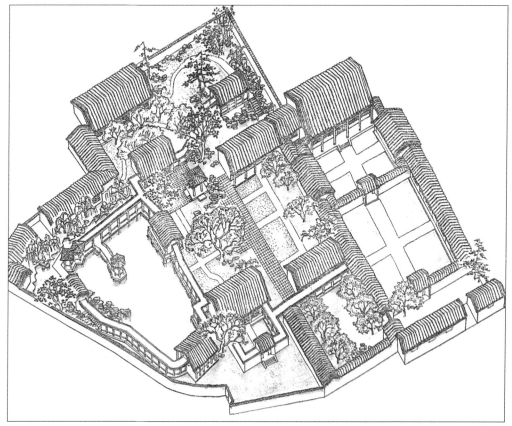

图 7-24　北京桂春园宅园鸟瞰图（邓乃郁绘，佟裕哲指导）

图 7-25　桂春园中的双亭（佟裕哲 1957 年摄）

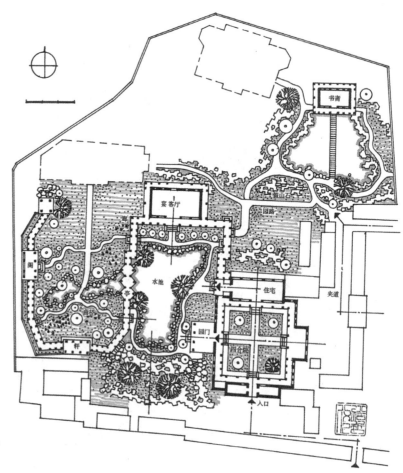

图 7-26　北京鉴园（位于什刹海北岸，清末某宅）（佟裕哲 1957 年测绘）

图 7-27　北京鉴园鸟瞰图（梁春苗绘，佟裕哲指导）

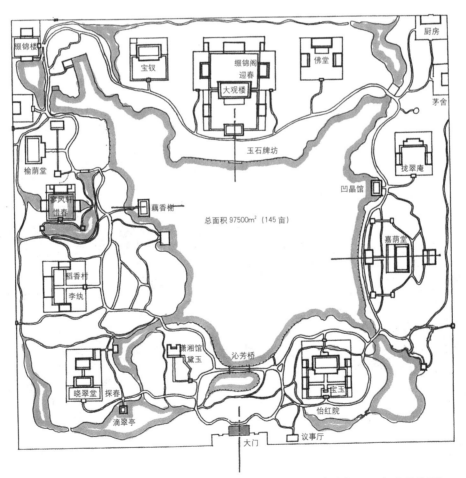

图 7-28　清代《红楼梦》中的大观园平面图（佟裕哲、杨波摹自1963年志昂绘图）

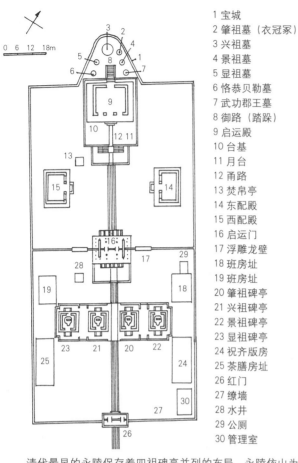

1 宝城
2 肇祖墓（衣冠冢）
3 兴祖墓
4 景祖墓
5 显祖墓
6 恪恭贝勒墓
7 武功郡王墓
8 御路（踏跺）
9 启运殿
10 台基
11 月台
12 甬路
13 焚帛亭
14 东配殿
15 西配殿
16 启运门
17 浮雕龙壁
18 班房址
19 班房址
20 肇祖碑亭
21 兴祖碑亭
22 景祖碑亭
23 显祖碑亭
24 祝齐版房
25 茶膳房址
26 红门
27 缭墙
28 水井
29 公厕
30 管理室

图 7-30　沈阳清北陵（佟裕哲摄）

清代最早的永陵保存着四祖碑亭并列的布局，永陵依山为陵，2004 年列入世界文化遗产名录。

图 7-29　辽宁新宾清永陵平面图（遗址测绘）
（佟裕哲 1987 年绘）

图 7-31　辽宁新宾清永陵碑亭

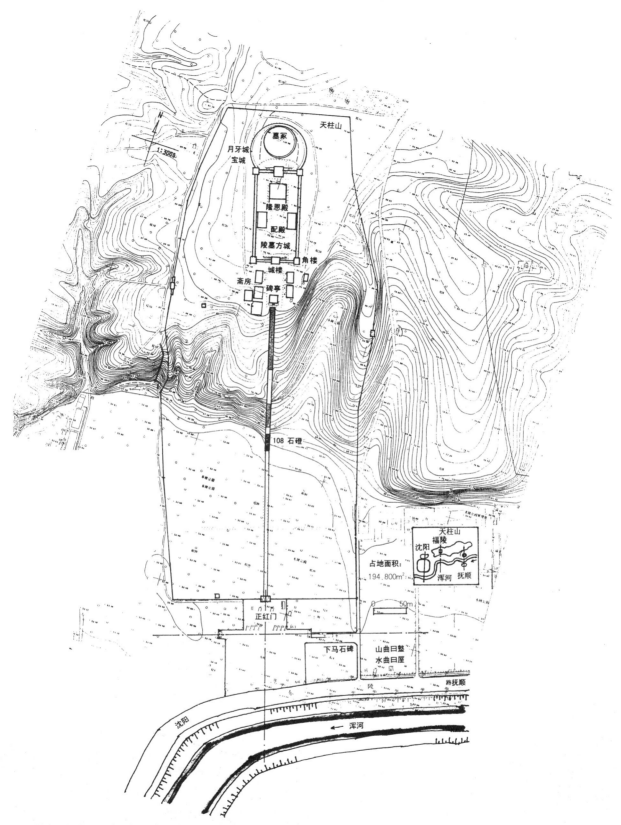

福陵又名东陵——清太祖努尔哈赤与其皇后的陵寝，公元 1651 年建成。

陵址选于沈抚之间的天柱山阳坡，陵墓背倚天柱山，前临浑河，山陵四周万松耸翠。福陵陵墓建筑处于川萦山拱面山直磴，冠山抗殿，气势宏伟。自然景观佳胜之地。2004 年列入世界文化遗产名录。

清代画家、鉴赏家高士奇诗云：“回瞻苍霭合，俯瞰曲流通；地势排云上，天因列柱崇。”

图 7-32　沈阳清福陵（东陵）依山为陵，延续了唐代帝王陵墓因山为陵的地景设计理念（佟裕哲 2008 年绘）

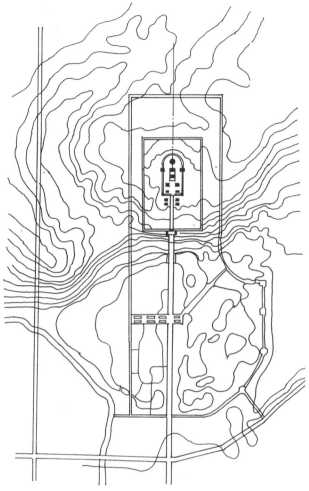

沈阳清北陵（昭陵）为清太宗皇太极墓，建于公元1643年，尚保存着葱郁的黑松林。

图 7-33　沈阳清北陵依山冈为陵（佟裕哲绘）

图 7-34　沈阳清北陵与陵园内黑松林

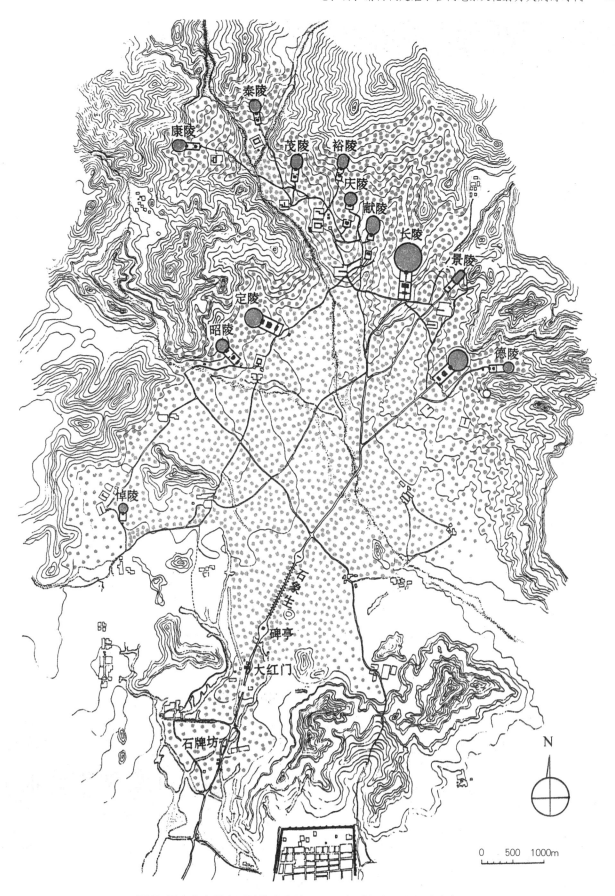

图 7-35　北京明十三陵依山为陵，2004 年列入世界文化遗产名录

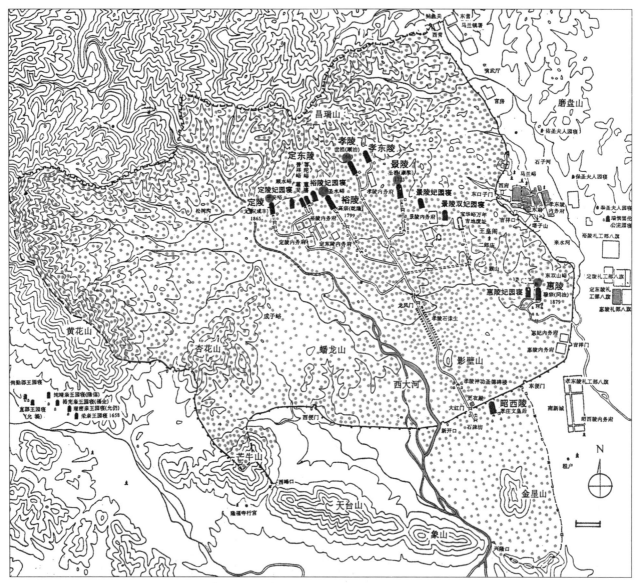

图 7-36　河北遵化清东陵地景环境图（引自王其亨主编《风水理论研究》）

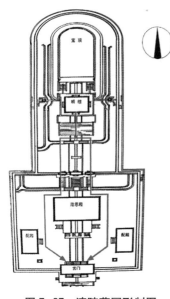

图 7-37　清陵墓园形制图

图 7-38　清孝陵（顺治帝）墓园与昌瑞山（凤台山）祖山相互衬托的尺度比例关系

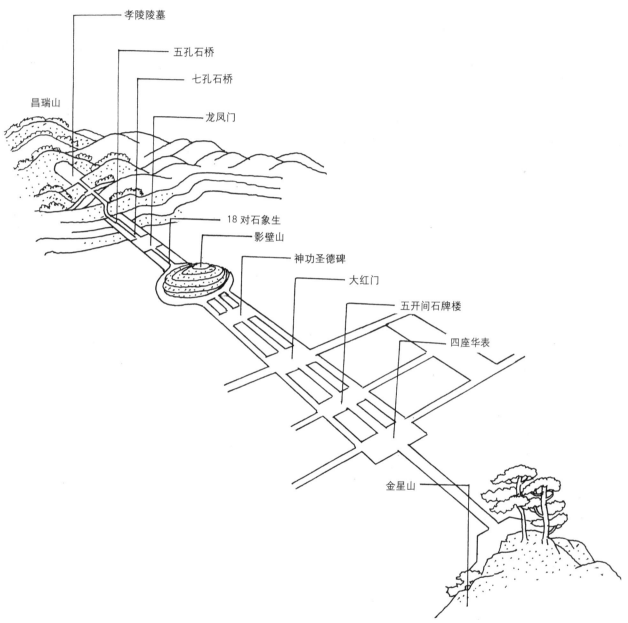

孝陵陵墓

五孔石桥

七孔石桥

昌瑞山

龙凤门

18 对石象生

影壁山

神功圣德碑

大红门

五开间石牌楼

四座华表

金星山

图 7-39　北京清东陵孝陵（顺治帝）南北轴线布局（总长度 5600m）

图 7-40 清孝陵（顺治帝）南侧的案山（金星山）的高度与空间上的尺度比例关系

图 7-41 清孝陵墓园前神道的因势曲折变化（佟裕哲摄于 2011 年）

图 7-42　清东陵孝陵（顺治帝）墓园建筑与祖山龙脉在立面上构成的层次与效果与 5600m 中轴线的气势，堪称中国陵墓地景建筑之最

图 7-43　清孝陵南北轴线上的碑亭（佟裕哲摄）

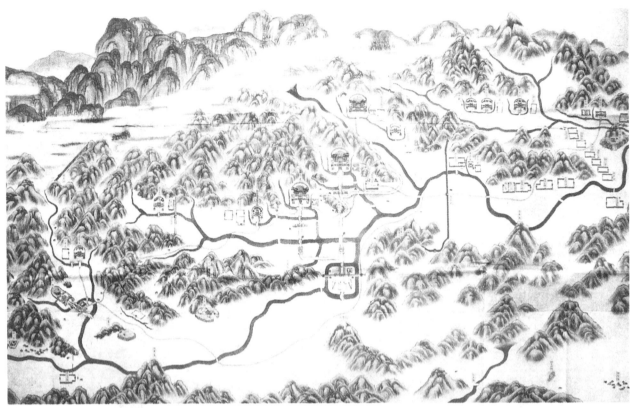

图 7-44 河北易县清西陵图（宫廷秘藏），2000 年列入世界文化遗产名录

　　中山陵建于 1929 年，由吕彦直设计，是我国近代陵墓设计的杰作。它借鉴明孝陵，并列于紫金山南麓。因借山势，气势宏伟、庄严。

图 7-45 南京明孝陵与中山陵气魄雄伟

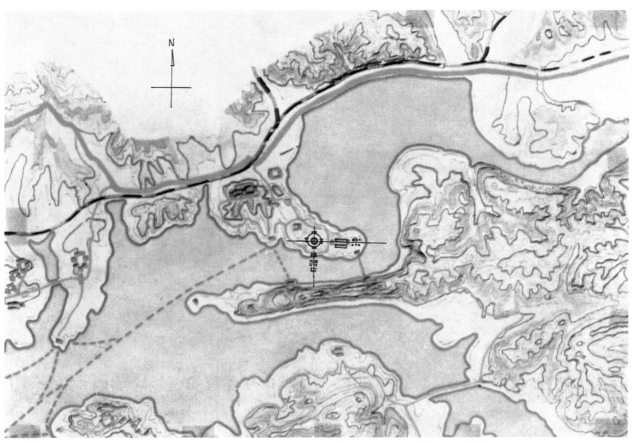

图 7-46　抚顺萨尔浒风景区张作霖墓南临铁臂山，是轴线最短的墓地

图 7-47　元帅林（张作霖墓）（1930 年建成）

图 7-48　元帅林献殿被淹（因下游于 1958 年修建水库，水位上移）（佟裕哲 1987 年摄）

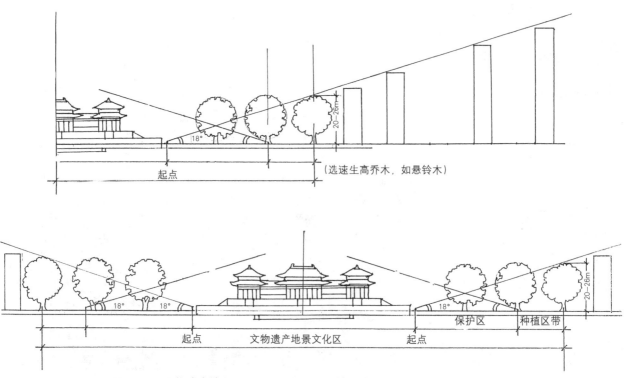

图 7-49　文物遗产地景文化区域景观视域保护图建议方案（佟裕哲 2010 年绘）

下篇　中国地景文化史纲图说

中国自然地理景观类型与特征

中国地景文化的产生源自先人对其生活环境中自然地理景观的感知和理解。地学与天文学构成了各地的地貌和生态环境。人类对自然景观的认识依地貌和生态环境特征与人文美学观念而区分为不同的类型。这种依托自然环境而产生的景观观念，属物质与精神相互作用的关系，且在景观文化观念的形成上，其趋同性机会较多。例如景观分类中出现的名词或景象，如青山绿水、沙漠、沼泽等，都表现出上述关系和特征。

中国国土幅员辽阔，自然景观多样。这从它的自然景观类型的丰富可以得到证实。有冰川、雪山、森林、草原、农田、黄土高原、峡谷、川地、青山绿水、陂（音 bēi）池、溪泉、江河湖海、天池、沼泽、沙漠、戈壁、荒漠等 17 种之多，几乎涵盖了地球上大部分的自然景观类型。

自然景观的另一种特征，是它受地质地貌成因与地质重力以及来自天体自然力（水力、风力等）的影响，因而其景观形态随时间而变化。如汉唐时期风行的关中八景：华岳仙掌、骊山晚照、灞柳风雪、曲江流饮、雁塔晨钟、咸阳古渡、草堂烟雾和太白积雪。其中太白积雪一景，据公元 472 年郦道元《水经注》记载："太白山最为秀杰，冬夏积雪，望之皓然。"但 1988 年后笔者观察积雪已全部溶化，八景只剩七景，七景中也有人为损毁，大多名存实亡。人类生存活动与自然景观关系甚为密切。中国古代提出的"天人合一"观，涵括了保护并利用自然规律以防止人为的或自然灾害等的侵蚀与毁坏。人类在欣赏和保护自然景观过程中，还认识到自然景观也是人工景观的借鉴和创造的源泉，自然景观毁坏了难以再现，而人工景观可以复原。

山地、高原、丘陵约占 61%，平原地只占 39%，自然山水环境直接影响一个国家的农耕与人居条件。中国古代人居一直延续"南巢北穴"居住方式（炎热地区的人住在"干阑式"木构房中。寒冷地区住在"半穴居"地窖里）。大禹治水成功后，半穴居人群，部落逐渐向平原移居，"干阑式"人群大多分散在山中（根据 2008 年调查浙江五溪地区山中仍有大量少数民族、村落处在山中）。

现在中国平原村落与农耕用地大多交织相间，说明现在人们追求的宜居地村镇分布也多在平原地区。从西周起"半穴居"类型已转型为合院式住宅类型。

华夏地龙龙脉（公元约 200 年管辖，管辖所著地理汇宗称山脉为龙脉）

附图 1　中国山文图（佟裕哲绘）

附图2 山石岭梁峁沟线势

附图3 自然山轮廓线与凸凹线势

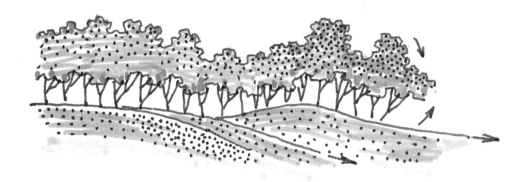

附图4 自然林木的轮廓线

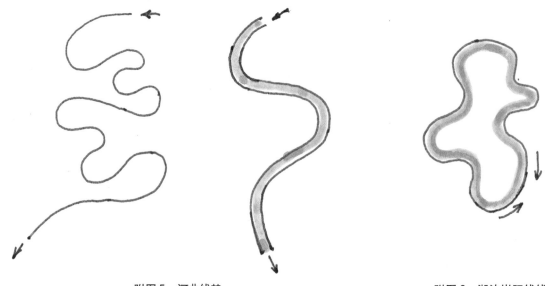

附图5 河曲线势 附图6 湖泊岸际线线势

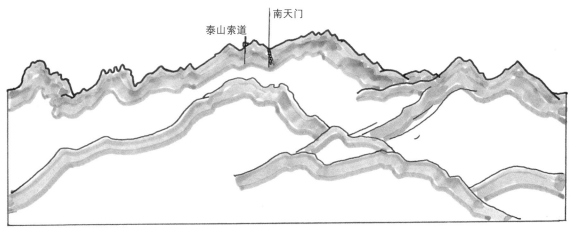

附图 7　泰山天际轮廓线

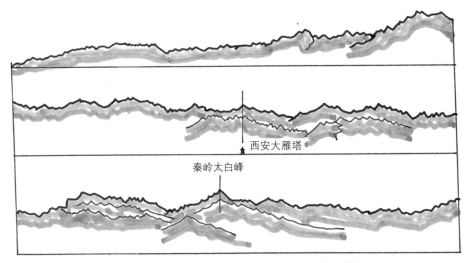

附图 8　终南山至太白山（秦岭）天际轮廓线

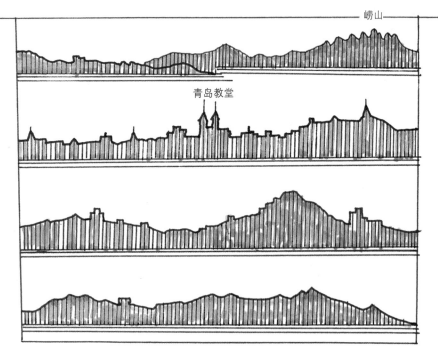

附图 9　青岛城市天际轮廓线

附图 10　云南迪庆藏族自治州中甸县三坝乡白水台（佟裕哲绘）

附图 11　西藏可可西里的自然景观（裴竟德摄）

附图 12　河曲景观（李海燕摄）

附图 13　四川月亮湾（李海燕 2004 年摄）

附图 14　中国山文图（泰山）

附图 15　东岳泰山南天门登山景观（臧文远摄）

附图 16　山东蓬莱

附图 17　天山雪峰景观（赵君安摄）

附图 18 天山冰川雪莲（刘菊英摄）

附图 19 中天山云杉林景观（昝卫国摄）

附图 20 新疆乔戈里峰冰川景观（甄西林摄）

附图 21 新疆新源草原及野果林（赵君安摄）

附图 22 慕士塔格峰雪山（刘滨摄）

附图 25　塔里木河岸胡杨林（赵君安摄）

附图 23　陕西蓝田王顺山秋景（佟裕哲摄）

附图 26　新疆哈巴河岸边白桦林（刘菊英摄）

附图 24　陕北原梁峁沟及梯田景观（黄复、马树槐摄）

附图 27　哈萨克族游牧景观（昝卫国摄）

附图 28　阿尔泰山野生牡丹（赵君安摄）

附图 29　风力塑造的金色浪涛（新疆沙漠）（赵君安摄）

附图 30　吐鲁番火焰山概貌（佟裕哲摄）

附图 31　新疆五彩湾五彩城风蚀景观（赵君安摄）

附图 32　吐鲁番火焰山下的绿洲（葡萄沟）（赵君安摄）

附图 33　新疆龙城风蚀景观（赵君安摄）

附图 34　贵州黄果树大瀑布（糜秋灵摄）

附图 35　张家界原始森林（李嘉乐摄）

附图 36　海南岛岸际石景（李敏摄）

附图 37　海南天涯海角景观

附图 38　翠华山岭脉景观（佟裕哲摄）

附图 39　黄河西岸香炉寺景观（黄复、马树槐摄）

附图 40　榆林香炉寺南面景观（引自《人民画报》，2009 年榆林特刊）

附图 41　玉华宫自然冰雕（佟裕哲摄）

附图 42　终南山翠华山天池（佟裕晢摄）

附图 43　太白山顶峰大爷海（郑耀祖摄）

附图 44　哈纳斯湖景观（刘菊英摄）

附图 45　巴音布鲁克天鹅湖

附录一　历代历史人物对中国地景文化的认知与论述一览表

历史人物	年代	地景文化相关理论知识	作用
 伏羲氏	约5000年前	感知日景，辨识方位，认知天、地、水、火、山、泽、风、雷八种自然景象物质并绘制成八卦图示	八索属启蒙文化
 神农氏（炎帝）	约4500年前	生于陕西宝鸡，逝于湖南零陵县。 尝百草，教民禾稼衣食，辨物以分类。	生于陕西宝鸡，逝于湖南零陵县
 轩辕氏（黄帝）	约4500年前	仓颉史官创文字，轩辕筑宫室（上栋下宇）将人类从阴暗潮湿的半穴居提升至地面居住。 轩辕黄帝于崆峒山问至道于广成子，《庄子·在宥篇》广成子曰："吾与日月参光，吾与天地为常。"是中国天人合一哲理的启蒙与开端。	上栋下宇，解决了房屋排雨水
 夏禹	约4000年前	开九州、通九道、陂九泽、度九山、导洪入海，使民得以平土而居。他在古代水利工程中得到成功。但在邑居人工工程中训诫不作"峻宇彫墙"，力戒奢华。	使中国39%的平地得到利用，农耕与邑居。人民生活得到了改善。
 公刘　古公亶dan公，周文王姬昌的祖父	约3800年前	率部族迁豳邑，《诗经》诗句："既景乃冈"（登山观测日影，以定方位）	邑居选址地景文化
 周文王（姬昌，又称西伯）	公元前1250年	继伏羲氏八卦续演（周易）穷探天人之理。模拟自然景观作人工圃，以为观赏之用。	人工圃、苑、园的开端

历史人物	年代	地景文化相关理论知识	作用
周公 （姬旦，文王四子）	公元前 1200 年	于岐山卷阿著《周礼》。由《诗经·大雅·卷阿》知这里是周人野游场所。《国语·周语》："古之长民者，不堕山（不毁坏山林），不崇薮（音 sǒu）（不填埋沼泽），不防川（不障阻川流），不窦泽（不决开湖泊）。"	中国风景旅游开端，中国王城都邑礼制开端
管仲	公元前 685 ～前 645 年	《管子·右立国》提出："凡立国都，非于大山之下必于广川之上。高勿近阜而水用足。下勿近水而沟防省。因天材就地利，故城郭不必中规矩，道路不必中准绳。" 公元前 475 ～前 221 年建成的齐国临淄城，是管仲建都论的一种模式。	继周公著《周礼》后，有补充有发现，更重视因地制宜
老子（李耳）	约公元前 570 ～前 470 年间	所著《道德经·第十二章》中提出了 "众人熙熙，若乡于大牢，如春登台"。	证实了公元前 500 年时代春季登台、登高观景已是一大乐事
孔子（仲尼）	公元前 551 ～前 479 年	《周易大传》"圣人立象以尽意，" 因形出象，因象明意。形、象、意是视觉艺术的开端。《荀子》载孔子写有 "观于东流之水有九似"。以利比德、义、道、勇、法、正、察、善化、志等是对水的性质与景观深邃的认知。	论语中名言：仁者乐山，智者乐水，是中国景观心理学的内涵
孟子（孟轲）	公元前 372 ～前 289 年	《孟子·十一篇·告子上》："牛山之木尝美矣，以其郊于大国也，斧斤伐之，可以为美乎，是其日夜之所息，雨露之所润，非无萌蘖之生焉，牛羊又从而牧之，是以若波濯濯也。人见其濯濯也，以为未尝有材焉，此岂山之性也哉？"	提出城市郊野生态美的理念
荀子（荀况）	公元前 313 ～前 238 年	《荀子·强国》孙卿子曰："其固塞险，形势便，山林川谷美，天材之利多，是形胜也。" 孙卿子延续了 "善与美"、"利与德" 的统一观。	首次提出对自然地理景观是 "形胜" 的景观美学理念

历史人物	年代	地景文化相关理论知识	作用
秦始皇	公元前 259 ～ 前 210 年	营建上林苑和朝宫（阿房宫），"表终南山之颠以为阙，络樊川以为池"。秦始皇陵园于公元前 247 ～前 209 年建成，陵园选址于"骊山之阿"和"天华"形胜之地。帝王工程运用中国地景文化理论的开端。	秦始皇陵园兵马俑于 1987 年列入世界文化遗产名录
班孟坚（班固）	公元 32 ～ 92 年	《两都赋》："汉之西都……左据函谷、二崤之阻，表以太华、终南之山。右界褒斜，陇首之险，带以洪河、泾渭之川。"	依地景理论及安全格局审视都城选址
管辂、管辂	公元 220 ～ 265 年	管辂著《地理指蒙》，管辂为之作序。内容涉及"相土度地"、"土会之法"、"地道"、"龙脉象物相地"、"以山势为龙"等论述。	属早期的地理景观及地文学、风水学
郦道元	公元 472 ～ 572 年	著有《水经注》：其中《三峡游记》中："森林萧林，离离蔚蔚、乃在霞气之表。仰瞩俯映，弥习弥佳……山水有灵，亦当惊知己于千古。"的论述。	山水地理景观认知和描述
宇文恺	公元 555 ～ 612 年	《九成宫醴泉铭》："冠山抗殿绝壑为池，跨水架楹。分岩竦阙，高阁周建，长廊四起，栋宇交葛，台榭参差，仰观则迢遰（音 dì）百寻，下临则峥嵘千刃。"对隋仁寿宫因借自然，笼碧城山与西海为宫苑，是一处依地景理论修建帝王工程的典型实例。	隋唐两代因借自然的地景理论趋向成功与成熟
松赞干布	公元 617 ～ 650 年	迁都拉萨，筑王宫于红山顶。公元 634 年迎文成公主入藏。公元 1645 年清代顺治时期在拉萨布达拉山顶建造了一座巨大的宫堡建筑群。拉萨是中国西部高原地区人聚环境营建格局最有特点的城市。 · 因藉布达拉山顶，以冠山抗殿理论营建布达拉宫； · 以山城堡式宫殿为中心，前（山下）为方城，后为五龙潭水面花园。王宫、城市、园林三位一体。	运用地景文化营建宫城的成功实例
阎立德	公元 596 ～ 656 年	营翠微宫，笼山为苑，"本绝丹青之工，才假林泉之势"。 营玉华宫，"包山通苑，疏泉抗殿"。 营华清宫，"治汤井为池，环山列宫室"。 隋唐两代因藉自然，依地景理论创建帝王工程实例较多，由于安史之乱的破坏，遗迹多毁，尚存文字记载。	阎立德之弟阎立本于公元 657 年接任工部尚书，对地景文化均有贡献

历史人物	年代	地景文化相关理论知识	作用
王维	公元 701 ~ 760 年	官至右丞。退官后从宋之问手中购得蓝田辋川别业，并依自然山水景物特征，命名 19 处景点。《王维辋川诗序》："余别业在辋川山谷。其游止有孟城坳、华子冈、文杏馆、斤竹岭、鹿柴、木兰柴、宫槐陌、临湖亭、南垞、欹湖、柳浪、栾家濑、金屑泉、白石滩、北垞、竹里馆、辛夷坞、漆园、椒园等。"并与裴迪共同赋诗 38 首，成为中国陶渊明之后第二个郊野田宅居向往者。《山水论》中："平夷顶尖者巅，峭峻相连者岭，峭壁者崖，悬石者岩，形圆者峦，两山夹道壑也，两山夹水涧也。"	将对自然景观山文水文内涵与景象意境的认知引入山水画法
白居易	公元 772 ~ 846 年	任过盩厔（音 zhōuzhì）县太尉，官至翰林学士兼左拾遗，著有《长庆集》。对宅居庭院养生和造园景观意境研究造诣较深。《新昌新居书事四十韵》："新昌七株松，依仁万径竹。"《官舍内新凿小池》："帘下开小池，盈盈水方积；中底铺白沙，四隅甃（音 zhòu）青石。""最爱晓暝时，一片秋天碧。"《游悟真寺诗》："回首寺门望，青崖夹朱轩，如擘（音 bò）山腹开，置寺于其间；房廊与殿台，高下随峰峦。"	人工工程因藉自然倡导"山树为盖，云从栋生"，以自然景观意境为先
柳宗元	公元 773 ~ 879 年	《零陵三亭记》："夫气烦则虑乱，视壅则志滞。君子必有游息之物，高明之具，使之清宁平夷，恒若有余，然后理达而事成"。《永州韦使新堂记》："乃作栋宇，以为观游，凡其物类，无不合形辅势"。	对地景成因的工程提出景观心理的要求。他提出的"合形辅势"是对中国地景建筑美的最高概括
郭熙	约公元 1023 ~ 1085 年（北宋）	著有画论《林泉高致》："谓山水有可行者，有可望者，有可游者，有可居者，画凡至此，皆入妙品。但可行可望，不如可居可游之为得。现今山川，地占数百里，可游可居之处十无三四，而必取可居可游之品，君子所渴慕林泉者，正谓此佳处故也。"	对"山林川谷美是形胜"，"有可游有可居"新的认知和发现
徐弘祖（霞客）	公元 1536 ~ 1641 年	《游黄山日记》："黄山之松无一不妙，黄山之石无一不奇"，"山势宏博富丽，有主要山峰三十六座，以多奇石，浩荡云海闻名"。	对自然景观特征和分类有启示。1990 年黄山列入世界自然遗产名录
计成	公元 1582 ~ 1634 年	著有《园冶》，他把唐代"因藉自然"的地景理论运用在壶中天地小空间的宅园设计中，发展了"借景"理论。在《掇山·峭壁山》一文中，"峭壁山者，靠壁理也。借以粉壁为纸，以石为绘也。"唐代雕塑家杨惠之的"粉壁为纸，以石为绘"的壁山水理论得以传于后世。	隋唐两代帝王工程重视与大空间自然地景的融合。《园冶》则精心于小空间的塑造
样式雷（江西永修）		样式雷八代人参与主持清皇室工程	
雷发达	公元 1619 ~ 1693 年	康熙二十二年（公元 1683 年）应募到北京，主持紫禁城太和殿工程	
雷金玉	公元 1729 年	于雍正初年营建圆明园工程	

续表

历史人物	年代	地景文化相关理论知识	作用
雷声澂	1750 ~ 1879 年	雷声澂携三子雷家玮、雷家玺、雷家瑞参加颐和园（清漪园）玉泉山、香山、承德避暑山庄设计营建工程	
雷家玺		乾隆《万寿山清漪园记》："盖湖成以治水，（指瓮山泊）山之名以临湖（指万寿山与昆明湖），既具湖山之胜概——（即战国时的形胜）能无亭台之点缀乎？事有相因，文缘质起。"	任主班
雷思起		主持清西陵（河北易县）、清东陵（河北遵化县）皇室陵墓工程	清东陵主体顺治帝陵主轴地景设计，是中国陵墓建筑风水美学之冠
雷廷昌		1889 年主班天坛祈年殿工程	
雷献彩		1897 年主班圆明园、颐和园、中南海重建工程	
雷景修	1849 ~ 1860 年	清代继承了汉、隋、唐三代的"一池三山"、"笼山为苑"、"包山通苑"、"冠山抗殿"等地景文化理论，成功地营建了颐和园、承德避暑山庄、布达拉宫、东西陵园工程，并均列入世界文化遗产名录，把中国地景文化推上新的高峰。1860 年英法联军烧毁圆明园、颐和园，雷景修主班重建。	1849 ~ 1860 年前后掌班，保护了样式雷设计档案，现存于国家图书馆
刘尔椊	清代约 1681 年前后在世（康熙二十年）	所写《桥山陵古柏赋》诗中："维上郡之列域兮，山则力以多奇。耸子午以衍灵兮，历双钟而分支。合三川以右溁兮，凤凰高峙于西坡。揖衡岭而止兮，诸峰环卫而共之。王气郁郁万年兮，相传轩辕衣冠葬于斯。"	此诗写出了黄帝陵的环境景观风水与形胜。在总体格局上达到了高层次的合形辅势
毕沅	公元 1730 ~ 1797 年	所著《关中胜迹图志》中："表以终南太华，带以泾渭洪河，其中沃野千里，古称天府四塞之区粤。自成周而后，以迄秦汉隋唐，各代建国（13 代王朝）都是以胜蹋名踪，甲于他省。"	毕沅称因藉自然形胜之地建国，誉为"胜蹋名踪"
严复	清代 1853 ~ 1921 年	《天演论》译序中： · 西学最切合实际，运用其理论可以处理各种复杂变化事物的不外乎名（逻辑学）、数（数学）、质（化学）、力（物理学）四门学问。 · 司马迁说《易经》是本隐而之显（从理论到形态表现），《春秋》是推见至隐（发现事物形态中的道理），"此天下至精之言也"。 · "夫古人发其端，后人莫能竟其绪"（学说没有继续研究下去），"古人拟其大"（提出学说大概轮廓），"后人未能议其精"（作进一步的精深研究），指出国人尊师或继承性之不足。	事业有成，中途不能停顿，研究学问是为振兴民族文化。严复所提三点之精之言，有助于推动中华民族文化的复兴
冰心	1900 ~ 1999 年	文学家冰心在烟台家中客厅里有一幅长联："此地有崇山峻岭茂林修竹，是能读三坟五典八索九丘。"（三皇之书——《连山》、《归藏》、《乾坤》；五典指尧舜典之书；八卦之说，也称八索；九州指志书）	把自然景观中的形胜与人文文化中的精华，作了最为恰当的比拟
吕彦直	1894 ~ 1929 年	安徽滁县人，清华留美预备学校毕业，1918 年毕业于美国康乃尔大学建筑系，1924 年创办彦记建筑事务所。 中山陵选址是孙中山生前遗愿，选在南京的紫金山麓。吕彦直在总体规划上，采用了面南，背靠巍峨茅山山峰，沿山势依次将牌坊、陵门、碑亭、祭堂和墓室组织在一条轴线上，布局严谨、雄伟。陵墓建筑采用中西合璧，以中为主。	吕彦直沿用了依山为陵的传统地景文化，取得成功，是中国近代陵墓设计的杰作

历史人物	年代	地景文化相关理论知识	作用
刘敦桢	1897～1968 年	刘敦桢先生曾任职中国营造学社，对中国古建筑古园林做了大量调查和测绘工作，对保护历史文化遗产作出了贡献。 出版的《苏州古典园林》概括了明、清以来江南宅园的景观文化。	《苏州古典园林》与明代计成《园冶》相对应，表现了江南人工造园水平
童寯	1900～1983 年	童寯先生一生朴实无华，刚正不阿，谦虚谨慎，学术渊博，主张伦理中国式，技术西方式。晚年文采横溢，著有《江南园林志》，1983 年又著《造园史纲》，是一代杰出的建筑教育宗师。他与梁思成、林徽因、陈植等于 1928 年创办了东北大学建筑学专业。	在建筑设计创作和建筑教育工作之余，关心和推动中国风景园林学科的发展
钱学森 中国科学院院士、 著名科学家	1911～2009 年	《钱学森论建筑科学》（顾孟潮编）"社会主义中国应建山水城市"（第 5 页），"中国园林艺术是祖国的珍宝，有几千年的历史。中国的园林可以看成四个层次：①盆景——微型园林（如唐代'盆景''插花'盛行）；②窗景——小型园林（如杨惠之的粉壁为纸，以石为绘的壁山水造景）；③庭院——小的几十米，大的一二百米，像苏州、扬州的园林（像唐代韩愈宅内已有庭院活动）；④宫苑——如北京的北海、颐和园等（中国宫苑从秦代之后，重视设计因借自然与地景文化的结合）。这四个层次可以看成是中国传统的园林艺术。" 钱学森很欣赏"楼式四合院"和老北京院内的花卉盆、荷花缸、养鱼缸等庭院的景物设置。	建筑哲学、城市学和风景园林学，是钱学森为建筑科学大部门定位的三大理论基石
关君蔚 （中国科学院院士）	1917～2007 年	《从生态控制系统工程谈起》（140 页）提出：保护自然，保护与改善土地和湖泊，在中国古代，"风水"原是"景观"和"环境"的同义词，"龙山"、"园囿"、"围场"……原是古代的自然保护区或保健修养用地。	提出"景观"、"风水"、"环境"是同义词
吴良镛 （两院院士、国家最高科学技术奖获得者）	1922～	吴良镛先生于 2000 年 UIA 世界大会《北京宣言》中提出建筑、地景、城市规划三位一体的建构，使得建筑师能在较为广阔的范围内寻求设计的答案。他继承了梁思成先生 1947 年倡导的体形环境空间（Physical Environment）的研究，发展到人居环境学（Human Settlements），2001 年著《人居环境科学导论》，提出中国古代的人居环境即是"建筑、地景、城市规划"三位一体的综合创造。	促进了中国地景文化的发展

附录二 中国古代都邑环境相地选址与规划实例一览表

编号	朝代与都名	年代（纪元）	主建人	匠作	环境选址地景哲学	布局表现	衰亡原因	延续历史
1	蓝田猿人遗址	（65万年前）原始人类			本能与生境	依托马兰阶地		遗址保护（1965年发掘）
2	河姆渡遗址 半坡村遗址 红山文化	7000年前 6000年前 5000年前	母系氏族首领		马蓝阶地生境 第二阶地	马兰阶地 向心群落 避风避水	社会演进	遗址保护（1960年）
3	夏居洛邑 河南偃师二里头	公元前1250年以前	夏首领		"洛书"传说之地,洛阳环境曾被夏代人发现利用	生态龛位 背阜面水		遗址无存
4	殷商郑州	公元前1250年	仲丁（庄）		城址选在熊耳河（南）与金水河（北）之间	东西长矩形方城		1950年发掘遗址
5	西周豳邑	公元前1200年从武功迁豳	公刘		瞻泉、原、岗重视农耕安居条件	半山半川,城墙建在分水岭	重军事防御	延续历史最长
6	西周周原	公元前1100年从豳迁岐山周原	古公亶		重视农耕、饲养生产及安居环境	方城遗址	遗址变农田	已发现遗址
7	西周 文王都沣 武王居镐	公元前1100~前1020年	周文王 周武王		依沣河东西两岸建城	表现简朴	时间不长,政治东移	周成王共和元年为纪元前841年
8	春秋洛邑（东周）	公元前700~前475年	周公	太保召公	周公卜洛,重气候、土壤、水源	王者之里,天下之中	九朝古都原城址未变	中国古都历史延续最长
9	齐临淄城	公元前475~前221年	管仲	管仲	古城址在淄水、系水之间,先小城后大城。罗城形制	王城与手工业廓城分开,不重轴线		管仲因地制宜建城理论流传后世
10	秦咸阳及阿房宫	公元前221~前207年	秦始皇	李斯	北甘泉,南户杜,前临渭水,山水俱阳,选南北轴开阔处	布局分散,未成规模	政权不稳,项羽焚城	遗址尚存公元2012年列入国家重点保护
11	西汉长安城	公元前206~公元24年	汉惠帝 萧何	荆明根	城处渭河冲击平原,势低潮湿	城池象天（斗城）,壮丽重威	势低潮湿,用期不长成废都	遗址保护（1960年）
12	东汉洛阳城 北魏	公元25年~471年	孝文帝	董爵 蒋少游	崤函帝宅,河洛王里宜兹大举,光宅中原	借鉴建康传统礼制	城址代代相承	白马寺为佛教祖庭
13	曹魏邺城	公元220~265年	曹操			传统礼制规划三朝制		只有城图,遗址无存
14	吴建业晋建康城（南京）	公元221~280年	孙权	诸葛亮赞誉	钟山龙蟠,石头虎踞,有江山之险	固山为城,据江为池	虽十朝都城,代代不长	十朝古都遗址尚存
15	隋大兴城	（隋初期都汉长安）公元581~618年	隋文帝 隋炀帝	高颎（jiong） 宇文恺	宇文恺选址移向东南六岗高势,视野垲爽,重视地景	礼制规划,棋盘方格,不顾地势	汉长安地势低,多水患,被废	隋大兴城被唐代继承
16	唐长安城（西京）继承大兴城	公元618~907年	李世民	阎立德	终南太华,泾渭洪河,沃野千里,有四塞之固	六岗融入棋盘布局,高地建殿,宫室壮丽巍峨	战争毁坏,朱温毁城东移	遗址尚存丝绸之路起点
17	隋唐扬州城	公元581~618年			长江与运河的商业城,城外有六朝建的瘦西湖		（又名江都、广陵）水退城衰	水运商城历史名城
18	洛阳城（东京）	公元618~907年	隋炀帝 武则天	宇文恺 杨素	八关雄峙,形胜天下,西函东虎,南有嵩山,北据邙山,黄河天险	既守礼制,又不拘陈规	历代军事必争之地	九朝古都环境尚存

续表

编号	朝代与都名	年代（纪元）	主建人	匠作	环境选址地景哲学	布局表现	衰亡原因	延续历史
19	西藏拉萨布达拉宫	公元617～650年建，公元1645年扩建	松赞干布		冠山构宫（红山顶），前城后园	布达拉宫与城园一体		延续至今，世界高原宫城之最
20	唐·南诏国大理城	公元364～1118年	阁逻凤（白族）		西依苍山，东临洱海，方城四门	方城居中，北上关，南下关		有东方瑞士之称，至今保护完好
21	北宋汴京（开封）	公元前320(梁惠王）～1126年	梁惠王赵匡胤	丁谓	河泽环境，沃野千里，地处四平，无险可守	重城池与水运	一马平川，无险可守	八朝古都遗迹不多
22	南宋临安（杭州）	公元591～1279年		杨素钱镠	"牙城旧治扩离藩，留得西湖翠浪翻。"高瞻远瞩，政策明智	南宫北城	西湖山水，永世不衰	富丽名贵之城，延续至今
23	宋平江城（苏州）	公元1127～1279年	伍子胥	伍子胥（始建）	公元610年开京杭大运河，中国名园城	城内有拙政园等十余处江南私人名园		1997年城内多处名园列入世界文化遗产名录
24	元大都（北京）	公元1271～1368年	忽必烈	刘秉忠郭守敬	东临辽碣，西依太行，北扼军都，南控中原	礼制规划鼎盛时期	藏风聚气，风水佳胜	壮丽帝王都
25	明南京	1368～1644年	朱元璋	刘基沈万三	三山制高点在明城外，军事防御不利	礼制与地形结合，布局灵活	十朝古都，代代不长	环境尚存，城池不全
26	明北京	1403～1644年	朱棣	廖均卿	继承元都，后扩建宫殿，继承汉唐传统	礼制与三海结合，布局严谨	国破城池在，得以延存	都城继承，延续典型
27	明榆林卫城	公元1470～1515年			西临榆溪河，东依沙丘，卫城设在分水岭上	六楼骑街，以示凯旋		卫城布局典型
28	明代西安城	公元1374年	秦　王孙传庭	耿炳文仆英	缩小唐长安城的1/7，建为军事卫城	随关中平原走势，建成东西长的矩形城		由于北京明城1970年拆毁，西安明城成为东方城堡之冠
29	清北京故宫	1644～1915年	乾隆	样式雷家族	继承明都，增扩圆明园、颐和园	中国礼制规划典型	元明清三代，国破城池在，永世保护	紫禁城是世界最后一座星辰之都
30	清沈阳故宫	1625～1660年	努尔哈赤（满族）	邓公池	东与北两侧环山，沈水在南，中间沃野平川	满汉文化，相融一体	表现朴素，地方民居式宫庭	十王亭表现满式礼制布局
31	明清平遥城	公元1370～1830年			典型中国县城布局实例	这种类型居多，但多数毁损	继承延续的典型	属历史名城，世界文化遗产名录

附录三 中国古代历史苑园因借自然选址实例一览表

编号	朝代与园名	营造年代	主持人(参与人)	匠作	环境因借哲学	方案表现	衰亡原因	延续历史
1	轩辕黄帝时代	在崆峒山与广成子论至道	广成子		天地人合一的宇宙观	顺应自然		成为东方中国传统哲理
2	仓颉	白水仓颉造字碑	仓颉		观物取象,造象形鸟迹书	顺应自然		源于自然的象形文字文化
3	殷纣 沙丘苑台 鹿台	公元前1200年	纣王		观赏占有自然景物为游乐		饮乐荒淫无度	历史训诫
4	西周灵台灵沼灵圃	公元前1100年~前700年	周文王		观赏占有自然景物为游乐	以人工模拟自然		中国人工景园开端
5	《诗经·大雅·卷阿》	公元前700~前200年	周成王时期	周公	岐山"卷阿"自然景观,以为游乐之地	善于利用自然佳胜之地(地景学启蒙)	周成王共和元年为公元前841年	中国自然名胜游乐开端
6	梁惠王梁园	公元前372~前289年	梁惠王		仿周文王灵圃	孟子在葆真池见梁惠王		灵圃苑类型的延续
7	齐国都城郊牛山林美	公元前372年~前289年	孟子		孟子向齐桓公提出,齐国都之郊山林美,应因借自然山林,滋润城市,才是山林性质	保护自然山林,禁止伐材放牧		山水城市、生态城市观念的开端
8	秦地自然形胜	公元前313~前238	荀子	孙卿子	山林川谷美是形胜	提出形胜理念		人工造园美学的基础和借鉴
9	秦汉甘泉宫苑	公元前220年~前109年	秦始皇汉武帝	扬雄作赋	选予避暑地山顶地势,古称悬圃,高峦峻阻,下有涌水、清泉,因借山水形胜	宫殿与自然山水融合,苑中有园	秦帝王工程营建运用地景理念,永世不衰	盛于秦汉两代,现已荒芜湮没
10	秦兰池宫苑	公元前216年	秦始皇	兰池兰池宫	因渭水营兰池及兰池宫	兰池作三岛,以象征蓬莱三岛		"一池三山"为中国人工山水景观之开端
11	秦上林苑	公元前221~前207年	秦始皇		秦开创都城与林苑一体的模式,包括蓝田、长安、户县、周至四县	秦岭山麓狩猎苑	以苑辅都秦开创,延续到唐末期	
12	汉上林苑(隋唐全部继承)	公元前138年~公元907年	汉武帝	扩大规模(东方朔上疏反对)	集狩猎、游乐、生产驯养、离宫为一体的帝王都城郊野模式	规模包括四县,以昆明池为中心,其山水林园、宫观达70处	帝王宫廷专用综合性苑园	元代后被毁
13	汉建章营苑(一池三山)	公元前140年	汉武帝		塑造自然山水仙境,以作精神享乐,求长生不老	太液池中三岛(蓬莱、方丈、瀛洲)		人工塑造自然景观实例
14	汉昆明池	公元前120年	汉武帝		象昆明滇池,以习水战	都城近郊水池	毁于元代,未能延续	现代西安应恢复昆明池
15	汉乐游苑	汉开创,隋唐继承兴盛			隋唐长安规划,利用六岗九五之地,为市民游息苑,得以继承发展	纯任天然,郊野林气氛	长久不衰,1980年后被占,已难延续	都城内融入自然山林的实例
16	汉袁广汉园	公元前88年	袁广汉	袁广汉	茂陵邑富户,依北邙原,开创人工造园	人工苑园	因罪被汉武帝后没收	中国私人造园开端
17	汉留侯祠园张良庙花园	汉始建,公元210年张良十代孙张鲁所建	汉中王张鲁	明代重修	因借秦岭紫柏山名胜地,建祠庙及池泉花园	因藉自然环境,地方风格古朴	西汉三杰之一,环境佳胜永久不衰	国内古庙园林实例中一颗明珠

编号	朝代与园名	营造年代	主持人（参与人）	匠作	环境因借哲学	方案表现	衰亡原因	延续历史
18	汉三国诸葛武侯墓园	公元 234 年诸葛亮遗嘱选址	遗嘱选址典型		岗峦起伏，山环水抱，古木荫森，风水佳地，纯任天然，少事人工	用地紧凑，尺度合宜，清幽古朴	随历史延续，不盛不衰	文化层次深奥，国内仅有
19	洛阳芳林园	公元 266 年	晋武帝		在洛阳城北阳坡地建百果园，集珍禽异木	仿缩上林苑，长于人工精塑		帝王上林禁苑类型的发展
20	隋仁寿宫苑（唐九成宫苑）	公元 593 ~ 907 年	隋文帝李世民	宇文恺阎立德	利用气候凉爽的山水地为宫苑	宇文恺意匠。笼山为苑，冠山抗殿的开端	唐末遗迹毁，遗址毁于1970年	中国离宫之冠
21	隋洛阳西园	公元 606 年	隋炀帝	宇文恺	仿汉芳林园建西苑	集人工水池林木、宫室苑囿为一体	遗址毁于唐末	帝王人工园典型
22	隋唐扬州瘦西湖	公元 582 ~ 618 年开通			因城外河水，构成带状水面园林景观，生态与景观俱佳	有北方之雄、南方之秀的扬州风格		保护完好，延续至今
23	隋仙游宫（唐仙游寺）	公元 598 年公元 601 年建舍利塔一座	杨 坚		选址终南黑水谷地，南依狮山，北临黑水潭，西为阳山，东为月岭，属世外桃源风水佳地	宫寺依山阴，水阴。坐南向北，黑水绕曲，夏季清凉	唐代诗人白居易于此写成《长恨歌》，万古流传。1998 年建水库被淹，另迁新址
24	唐翠微宫宫苑	公元 647 年	李世民	阎立德	选终南山翠北山，笼山为苑，自然而成	因借自然山巅，以方甸为助	天然宫城，攀登困难	唐第二夏宫
25	唐玉华宫苑	公元 648 年	李世民	阎立德	夏有寒泉，地无大暑，通山为苑，疏泉抗殿	分散布局	环境景观尚存，宫室已毁	唐第三夏宫
26	唐华清池宫苑	公元 644 ~ 907 年	李隆基	阎立德阎立本	因藉骊山温泉汤为苑，环山列宫室	罗城宫城中有汤池，笼骊山为苑		中国帝王冬宫典型宫苑、旅游圣地
27	唐大明宫太液池	公元 634 年 ~ 877 年	李世民	阎立德	引浐水作太液池，中有蓬莱三岛（仿汉建章宫）	一池三山布局		一池三山第三实例
28	李茂贞宅园	公元 600 年	李茂贞	李茂贞	营凤翔宅园（军师偏地青野）	宅园并重	无存	卫国将军营宅园
29	三原李靖宅园	公元 630 年	李 靖	李 靖	营三原宅园（军师重偏地青野）	宅园并重	遗址尚存	卫国将军营宅园
30	唐洛阳神都苑（继承隋西园）	公元 685 年	武则天	司农卿韦 机	因邙山、西园之址，聚山水之形胜，施以人工技巧	扩大宫廷园布局手法	牡丹园盛名	扩大宫廷园类型
31	唐兴庆池宫苑	公元 701 ~ 907 年	李隆基	阎立德	因龙池为内苑	宫廷园布局	1958 年改为现代公园	宫廷园应延续
32	唐蓝田辋川别业	公元 702 年	王 维	王 维	因藉两山夹崎，中有辋水之胜，纯任自然	命名 19 处景点	1970 年被工厂所占	中国私人自然山庄景观之始
33	唐曲江芙蓉园	秦汉创建公元 713 ~ 741 年	李隆基	重 修	都城近郊以水面为主的文化游乐园	曲江流饮，文人文化园	毁于元代	中国都市公园开端
34	唐匡庐草堂	公元 815 年	白居易	白居易	因匡庐山水景为草堂	以自然山景为重，略施人工		人工不能覆盖自然景观
35	唐洛阳宅园	公元 829 年	白居易	白居易	洛阳履道里宅园，洛都风土水木之胜	重视心理的平衡命名安乐窝		宅园为养生怡志
36	隋唐杭州西湖	公元 823 ~ 1090 年	白居易苏 轼	白居易苏东坡	因钱塘江人海湾处的泻湖，改建成西湖，留有白堤、苏堤历史景观	因藉自然的人工，虽有人工，但成景自然	1980 年后，高楼围湖，破坏景观严重	西子湖畔，东方明珠，尺度已变，延续困难
37	宋汴京金明池	公元 970 年	柴 荣		初为习水军水池，后改为水面人工园	可赛舟		属汉唐昆明池类型
38	宋汴京琼林苑	公元 976 年	宋太宗		仿唐曲江流饮，为琼林赐宴，文人与市民游乐园	文人与市民游乐园		仿唐曲江文化园类型
39	宋汴京艮岳（万岁山）	公元 1117 年	宋徽宗	梁师成	帝王风水迷信色彩的大型人工山园	朱勔《花石纲》出处	劳民伤财，只存一代	中国人工造园之忌
40	宋凤翔东湖	公元 1062 年	苏 轼	苏 轼	因饮凤泉凿东湖为园，以利州民游息	人工湖游息园	于民有利，保护至今	县城园类型

编号	朝代与园名	营造年代	主持人（参与人）	匠作	环境因借哲学	方案表现	衰亡原因	延续历史
41	宋独乐园	公元1080年		司马光	读书，弄水，种竹，采药，浇花，怡性养生	私人小园		无　存
42	元大都太液池	公元1267年	元世祖忽必烈	刘秉忠郭守敬	从西北郊引水入城，凿太液池，池中有三岛	摹拟一池三山于宫城西侧		明清继承，发展三海（西苑）
43	元大都创新的一池三山	公元1267年	忽必烈	刘秉忠郭守敬	把帝王私用的一池三山扩展成纵贯城市南北的水面景观。	平行大内的景观，气势浩涵的城市山水景观		传统与时代结合的实例
44	明代南京后湖城	公元1365～1386年	朱元璋	刘基沈万三	以玄武湖西侧笼为后湖城，又将钟山、富贵山、覆舟山、鸡笼山圈入城区	山水城市规划手法		明代南京，因藉自然，成为山水城市典范
45	明代北京的西苑三海	公元1407～1464年	朱　棣	赵羽中廖均卿	继承元代布局，增建主轴上的万岁山（景山），肯定了三海三岛的布局	继承与延续的规划手法		明代继承元代人工山水城市的典范
46	明代无锡寄畅园	公元1506～1591年	秦　金秦　耀	秦　耀张　绒	因土丘聚石为假山，山下凿池。得景自然。清泉白石自仙境，玉竹冰梅总化工	土山多植梅，宛自天开	延续成功之例	乾隆摹拟此园建北京惠山园（谐趣园）
47	明代苏州拙政园	始建于明初，公元1506～1876年最盛	王献臣张履泰		园分西、中、东三区，是以水面景观为主体的苏州园林、江南园林风格的典型	空间划分与组景艺术手法成熟		延续至今，1997年列入世界文化遗产名录
48	计成《园冶》	公元1631年	计成著		城市地为园，长于小空间（壶中天地）艺术布局	宅园融合		体系完美的东方景园建筑设计理论
49	清代广东东莞可园	公元1858年建成	私人园	居廉曾住此园	属岭南四大名园之一，宅院建筑与假山花木配置有地方风格	地方风格的宅园类型		保存完整，但环境不佳
50	清北京西北郊园林水系	公元1738～1774年	乾　隆		集汉唐以来景园理论，创建圆明园等23园，为中国园林精华组群	东方帝王园林体系的精华所在		世界东方园林之最
51	清北京圆明园	公元1709～1859年	康　熙乾　隆咸　丰	张鐘子雷家玺郎世宁	根据风水选址，论外形、论山水、论爻象。集中国历代园林精华，并引进西方园林	圆明园40景由乾隆作诗，孙祜、沈源配画	修建了150年，1860年被英法联军所毁	圆明园被誉为世界帝王园之冠
52	清北京颐和园	公元1750～1764年	乾　隆	乾　隆样式雷	以杭州西湖为蓝本，湖面风光很像西湖，后山有苏州街	半山建筑群组景，采用宇文恺仁寿宫手法，笼山为苑，冠山抗殿	1860年为英法联军所毁，1898年重建	颐和园保存最为完整，是东方园林之冠，1999年已列入世界文化遗产名录
53	清乾隆花园（宁寿宫）	公元1771～1776年	乾　隆	乾　隆样式雷	颐养休憩的宫廷内花园，有读书处，有精舍和禊尝亭	宫廷宅园类型		保存完好，均属世界文化遗产
54	清北京恭王府花园（萃锦园）	公元1903年前	和　珅奕　诉载　滢		江南园林格调，北方材料手法，园中有20景	宅旁园林类型		保存完整，园址遗迹尚存
55	清北京半亩园	公元1841年园主人庆麟	汉　复庆　麟	李笠翁（李渔）	为北京四合院宅西侧花园，读书、会客功能为主	北方风格，宅旁园林	1970年被毁。图文档俱存	明清造园，名家李渔意匠。1957年佟裕哲测绘存图
56	潍坊十笏园（宅园）	公元1885年改建	丁善宝		宅旁园规模较小喻为十个笏板	以水面为主，廊、书斋、台榭、楼阁环抱，达到水木清华		保护完好，建成为旅游景点和宅园文化的典型
57	清北京桂春园	公元1908年后	末代皇帝太监宅园		北京四合院宅西侧花园，读书、会客功能为主	南方风格，北方手法，中西合璧		1970年被毁。1957年佟裕哲测绘存图
58	清承德避暑山庄	康熙始建，公元1751～1790年完成	康　熙乾　隆	样式雷家族	燕山北侧，因山川修建的帝王塞外宫城（夏宫）	乾隆建成36景，因热河及山林成景	建有多民族夏宫（八大庙所）的统战政策工程	环境与景园建筑保存完好的东方夏宫之最

附录四 中国古代林、陵、墓地选址实例一览表

序号	朝代与墓名	年代	主建人	匠作	环境选址地景哲学	布局表现	历史评论
1	轩辕黄帝陵（陕西黄陵县）	衣冠冢墓（九二之地）祠庙（九五之地）传汉、唐、明清均有重修（手植古柏下围10m，高19m）	汉武帝在墓侧建有仙台，1989年规划重建		象天之北辰，与地之子午山，雍州桥山有手植柏为证。"南北亘长岭（子午山）。纵横列万山。地折庆延回。源分漆沮濞。"（刘倬诗）	龙（地势）穴（墓位）砂（环境）水（贫富）风水形胜俱佳，山丰土厚祥萃之地，气氛古朴	雍州桥山（今陕西黄陵）成为华夏子孙祭祖圣地。现代环境学与古代风水学在理论上得到认同
2	仓颉墓（陕西白水县）	东汉延熹五年（公元162年）已初具规模（手植古柏下围9.3m，高17m）			墓地选址于白水县史官乡黄龙山之阳和洛河之阳	黄龙山阳坡，庙院古柏参天、郁郁葱葱，圣气升腾	仓颉属中国六圣之首（仓、元、孔、孟、关、老），是象形文字鸟迹书（28个字形）的造字始祖，历代受到保护
3	周文王陵	公元前1100年			封土陵选于关中西岐渭水之阳、北山之阳（周、汉、隋、唐以来均以北原为陵，共30余处）	周代阴阳宅均喜山之阳	与后世无争安恙无闻
4	元圣周公祠庙（林制）	公元前1000年。唐武德元年（公元618年）重建	元圣周公曾在此地制礼作乐，观景游歌		《诗经》载："有卷者阿，飘风自南，岂弟君子，来游来歌……"。关中西岐凤凰山，三面岗峦环抱，开口面南如簸箕地貌。林木茂盛，山麓有泉水	三面环山，正中为穴建祠庙，以纪念元圣周公制礼作乐之功	卷阿是中国以自然景胜，人文景物，古建文物和旅游四位一体的发源地，具有东方自然景胜与帝王神仙人文景物相结合的特征
5	至圣孔子林曲阜孔林（林制）	公元前479年立孔林公元1443年立碑	子贡等		选鲁城北、泗水之阳，历代造林，已植有古树两万余株，林内有洙水流过	中国礼制传统，圣人墓地称林，帝王称陵，其他人称墓、坟	孔子在20世纪末叶已成为联合国知名古教育家，孔林现为世界旅游胜地。儒学源地
6	陕西楼观台讲经台	公元305年建祠	宗圣宫为唐李渊建		老子于陕西楼观台讲《道德经》，唐李渊帝建宗圣宫宗李耳为圣。南小山楼观台属风水佳胜地，文人只重视环境佳胜而不追求享用三相风水观念，纪念老子主题是讲经台	故里和经台均以自然朴实为重而不追求人工气魄	显示传统文人的素雅之风，为后人所尊重
7	亚圣孟林（山东邹县）	北宋景佑四年（公元1037年）立碑			选于山东邹县城东北四基山西麓，北宋及清两代广植柏桧，现已古柏参天，蔚然深秀。墓穴于山麓爽垲之地	山前缓坡地。从神桥至墓，依势设轴，古朴雅静	孟母与孟子构成儒学教育文化，成为世界旅游胜地
8	武圣关羽林（三国时关羽头葬于此）	明代建成清代立碑			选于古都洛阳，北临洛水，南望伊阙，翠柏参天成林。中国武圣人唯一享有林制	平地布局，祠墓一体，以林森严为特征	成为民间祭祀和旅游胜地。以上中国六圣墓址，具有后人敬仰保护和林木茂盛的特点
9	秦始皇陵	从公元前247～前221年修建了30余年，动用了百万民工（埃及金字塔只动用10万民工）	李斯秦二世		秦始皇称帝时间不长，却实现了天相、地相、墓相三相统一观念，即象征天上紫微星，地上皇帝，陵中为帝灵，追求长生不死永享天上及人间阴阳之富贵。其陵为封土陵，其地为莲花地貌，属自然景胜开阔之地，是帝王陵风水选址典型	选骊山面东一段，微呈环抱群峰，拱卫之地为穴位，前有渭水曲绕，即所谓头枕金、脚蹬银的风水宝地。"始皇贪其美名，因而葬焉"（《史记》）	秦显示统一神州大地。墓葬尽享帝制，工程浩大，且在地下塑造了四处兵马俑。征东列队于1974年被发掘，成为世界文化遗产和八大奇迹旅游胜地。秦始皇其人的三相统一意念如愿以偿

续表

序号	朝代与墓名	年代	主建人	匠作	环境选址地景哲学	布局表现	历史评论
10	汉武帝（刘彻）茂陵	公元前139～前86年修建了53年	东方先生风水选址（黄石公之嫡传弟子）		汉武帝曾选址于九嵏山，臣东方朔反对，认为三峰高低不平泾水又隔断龙脉。汉武帝又请山东东方先生选在关中北山之阳渭水之阳茂乡槐里阳宅之地。东方先生只是借鉴汉长陵先例选在茂乡槐里。至于刘彻名中有土按中央戊巳土，可以威震四方。这些可能是自圆其说，敷衍塞责	风水选址特征一般形似阳宅，在布局上没有什么特征，也没有汉武帝生前所追求的三相观念和气魄。更多地以陪葬物烘托取胜	秦皇汉武一脉相承，成为封土陵动用民工最多的典型。但汉武帝不如秦皇气魄。由于没有遵守"厚葬诚无益于死者"，致在陵墓建成后的两千年中无数次被盗，成为古陵盗墓之家
11	汉张骞墓	西汉时代公元前114年			陕西城固县平地为墓，清乾隆时立碑，墓前尚有西汉石虎一对。墓无林无殿只有石碑为记	1996年重建	公元前139年至前119年出使西域，前后20余年，为开通丝绸之路立功，为后人所敬重
12	汉留侯张良祠（陕西留坝县）	公元210年张良十代孙张鲁所建	汉中王张鲁	明代重修	张鲁选于黄石公向张良授书处为祠，也是张良晚年隐居之地。地处秦岭紫柏山下，四周峰峦起伏，柏林密茂，前有流水环绕，是一处世外桃源佳地	在风水地理上，占有制奇地位，因山就势。山上为黄石公授书楼，山下为张良祠庙四合院组群，北院有花园设池泉水法水景，是中国景园艺术汉风风格代表作品	选址于深山老林，远离市井，以世外桃源，人烟稀少之地为祠，故保存完好，是陕西省境内汉唐园林建筑风格的典型。希望作为历史名园申报世界文化遗产名录
13	汉武侯诸葛亮墓园（陕南勉县定军山下）	公元234年病逝后立墓	遗嘱选定		生前遗嘱："遗命汉中定军山为坟，冢足容棺，殓以时服，不须器物"。墓穴居中三面岗阜环抱，前有流水，确是地景佳地	诸葛亮不仅是军事家也是地理风水内行，所选墓穴有别于帝王三相观念，追求宏伟。自选墓址环境幽雅，尺度合宜，风水因素齐全	至今保存完好，有风水理论，又有环境实例可察，是一处风水选址典型，也是现代文化旅游佳地
14	司马迁墓园（韩城）	公元310年			选址东临黄河，西枕高岗，凭高俯下，高山仰止，为构祠祀的形胜之地。韩城后人为司马迁墓祠选址，深得体宜	"生在龙门境，葬临韩奕坡，荒祠临后土，孤冢压黄河"（宋·李奎诗描述其布局）	司马迁有《史记》传世。对司马迁"是非颇谬于圣人"的指责已为班固的《汉书》所正。司马迁已为后人所崇敬
15	唐太宗昭陵（李世民）	公元636～649年	李靖	阎立德	风水选址的争论：东方朔（汉武帝曾选此址）认为九嵏山风水不佳，泾水断龙脉，江山易手。唐李靖认为三峰相连，中峰突兀，左右两峰低矮不平，喻高宗时不利，但李世民认为要改革秦皇汉武封土陵劳民伤财之弊，提出"因山为陵"，而"九嵏山孤耸回绝，山高九仞和自己皇帝地位相衬。所以李靖建议风水不美之处，以昭陵为名召日为阳，以阳气补帝气之不足，遂定。看来李靖和东方先生两位风水专家，也是灵活应变，随声附和，自圆其说，并造成后来茂陵成为盗墓之家，昭陵成为无立足之地	阎立德布局时很为难，墓穴在九嵏山上位，无回旋余地，只有以玄宫（山中地宫）为中心，仿大明宫布局，以建筑气势求得昭陵雄伟壮观。设阙楼及内外陵墓垣墙，南朱雀、北玄武、东青龙、西白虎为四门。气魄虽大，但祭陵时很狭窄。如杜甫诗中"陵寝盘空曲，熊罴守翠微"。阴阳地盘皆窄	从古代风水相地专家诸葛亮、张鲁、东方朔、李靖等人的理论中得知风水是重在山水景观及地理条件的客观气势以及陵墓对象的礼制地位，这些都是科学的，并没有一成不变的迷信之说。但1300年之后事实证明，今日昭陵衰退之因，仍是地势狭窄，过多追求高峰帝相观念所致
16	唐乾陵（李治与武则天合葬墓）	公元684～706年	长孙无忌	李绩武攸宁阎立德克瑞特（石雕）	风水选址的争论：长孙无忌，认为梁山挺拔雄伟，周围两水相抱，主峰居高在北，左右两峰在前。三峰耸立，一高两低，主峰为穴建宫，左右两峰立阙。北依北山，南临渭河，遥望太白，南北主轴长达4.9km，属龙脉圣地。袁天纲认为，梁山与太宗龙脉隔断，处于龙尾。梁山北峰居高，前两峰似乳头，有女人主政气势。但武则天支持长孙无忌，高宗遂选定梁山	乾陵布局与昭陵相似，均以唐长安城阳宅理论为主，建内外城垣和阙楼，南北轴上布置司马道、神道，两侧立石人石兽，因借自然地势，人工建筑气魄显得开阔宏伟，是帝王陵墓建筑表现的典型	乾陵风水选址有两个特点：一是注重地形地势，地宫进山，宫在北，阙在南，三峰耸立，一高两低，陵制礼制，内容与地形融合自然；二是尊重传统风水习惯，西北乾位预示吉利。对于风水学中的其他因素采取灵活并解析自圆其说。1300年后，留给后人的财富：一是自然与人工融合巧妙，气势宏伟；二是因山为陵地宫进山，防盗手段严密，墓中文物得以保存。这是东方最成功的一例

续表

序号	朝代与墓名	年代	主建人	匠作	环境选址地景哲学	布局表现	历史评论
17	宋太祖永昌陵（赵匡胤）	公元 963 ～ 977 年	赵匡胤自选址	丁谓（山陵使）	宋代没有沿袭唐代因山为陵制，仍继承汉代封土陵制。赵匡胤选址于南临嵩岳，北据黄河天险，东依青龙山，前有伊水穿过的漫坡平原地势。宋代七帝陵、寝陵集中于此。赵匡胤所选穴位是头枕黄河，脚蹬嵩山，秦始皇是头枕金（山），脚蹬银（河）。均说是风水宝地，说明风水条件各有不足，重在自圆其说	宋代陵墓布局仍按传统坐北朝南。覆斗形封土陵在北，神道两侧排列华表、石柱、象、马、狮兽及石人，都没有超过唐乾陵的气势	宋陵的特点是七帝八陵均集中于巩县，因赵匡胤的父亲赵宏殷并未称帝，故共有七帝八陵（唐代也多一陵，武则天为其母建顺陵，其母并未称帝）。由于陵墓集中，现已规划成宋陵园，以利于现代旅游
18	元代成吉思汗陵（铁木真）（伊金霍洛）	公元 1226 ～ 1954 年	窝阔台		蒙古早期信萨满教葬制（土葬）。1226 年成吉思汗 65 岁逝世时，墓址保密了多年，其最后流传至今的伊金霍洛成吉思汗陵（衣冠冢）为正式祭陵	布局以八个白色帐篷（称八白室）发展到八角形蒙古包穹隆顶式纪念堂建筑，具有蒙古文化特点	具有蒙古族陵墓文化特点，成为现代草原旅游胜地
19	金陵陵园（北京大房山）	公元 1123 年	完颜阿骨打		选址于北京大房山下，陵穴以云峰山为主峰，向两翼分布，背依山，前临清泉，呈环抱之势	依山水布局，以山石砌墓	金代墓群集中，有待未来发掘
20	明十三陵（北京昌平）	公元 1413 年	朱棣（明成祖）	赵羽廖均卿	选址于北京昌平天寿山下的盆地。群山环绕，如拱似屏，中央平坦宽阔，水土丰厚，是自然景观与陵墓礼制布局相融合的天然帝王陵园。风水先生姚广孝说："此地山洞明堂广大，藏风聚气，可以埋葬皇上的万子重孙。"它是中国传统选自然山水名胜与帝王陵墓礼制布局结合容量最大的一处陵园	利用群山拱卫龙脉地势，每陵各依一峰。以长陵为中心的十三陵陵园布局，是中国帝王陵依自然山水气势集中布局最成功的实例	1958 年虽在此处增建了十三陵水库，但陵园景色气势仍存，是中国帝王陵墓布局最为集中的一例，也是因藉自然进行人工布局最成功的一例。它也是现代礼制陵园文化旅游胜地，2000 年已列入世界文化遗产名录
21	清永陵（辽宁新宾）	公元 1598 年	顺治（爱新觉罗·福临）		选于新宾县近郊，背依启运山，面临苏子河，合于风水模式，有"郁葱王气钟烟霭"之势。墓葬四位未称帝的先祖：努尔哈赤远祖孟特穆，曾祖福满，祖父觉昌安，父塔克世等	墓园由前院、方城、宝城组成。前院横列远祖肇、兴、景、显四王的碑亭。方城中设启运殿，宝城内东西坟墓环列并有神树（枯榆），布局很有特点，不同于帝陵的布局	永陵是满族努尔哈赤家园新宾的第一组陵墓，是清代皇家文化旅游胜地
22	清福陵（沈阳东陵努尔哈赤第一帝陵）	公元 1636 ～ 1651 年	皇太极天聪	杜如预、杨宏量（清代永陵、福陵、昭陵、孝陵的风水选址人）	选于沈阳市东郊天柱山，属长白山余脉（龙冈），南临浑河，风景秀丽，是一处自然景胜	福陵置山巅，下有 108 步台级，陵寝巧妙地因藉山势，逐级登高，前眺浑河松木葱茂，景色风水俱佳	为现存帝王陵墓风水模式之一，属北方山水结构，层次简明雄壮。不同于南方山水风水模式，层次复杂因素繁多。福陵是具有北方陵墓气势的典型实例之一
23	清昭陵（沈阳北陵皇太极陵）	公元 1642 年	天聪自选定		昭陵是福陵向西的尾脉，位于市北的面向浑河的阳坡地。松林茂密，前设神道，后为墓城。现存神道东侧油松是国内仅有的长势最好的古松	沿袭永陵布局模式，为平地陵园气势最好的帝王陵墓	沈阳近郊松林陵园是现代旅游环境佳胜之地

序号	朝代与墓名	年代	主建人	匠作	环境选址地景哲学	布局表现	历史评论
24	清东陵 马兰峪 孝陵（顺治） 景陵（康熙） 裕陵（乾隆） 定陵（咸丰） 慧陵（同治） 清西陵	公元 1661 年	顺治	样式雷	顺治亲临选址其地重峦如涌，万绿无际。日照阔野，紫露缥缈。风吹树海，碧影森叠，是山川壮美景物天成佳胜之地 孝陵北依昌瑞山祖山龙脉两侧二水萦绕，南有朝山（金星山）	整体布局以孝陵为中心，两侧为景陵、裕陵。孝陵北依昌瑞山，穴位处于高地，避风避水，为天然风水佳胜之地孝陵南北轴线长达5600m，气势非凡	清东陵风水选址也属于风水模式中的上乘之地。建陵中有著名匠师样式雷参加，是陵园建筑的精作，它与紫禁城阳宅风水一样媲美。2000年已列入世界文化遗产名录
25	南京中山陵	公元 1926 年		吕彦直设计	选于南京东郊钟山第二峰茅山之南麓，陵堂背依山峰，逐级升高，共有石阶392级。陵区因借钟山，地势高爽，苍松翠柏漫山碧绿，它继承传统陵墓地景模式	整体布局采用传统轴线方法，因藉自然山林，气势宏伟，布局严整	是近代陵墓布局选址和继承传统最成功的一例。现已成为南京旅游祭陵佳地
26	抚顺萨尔浒元帅林	公元 1929～1931 年	张学良等		张作霖于1929年在从北京回沈阳的列车上被日军炸车身亡。部下以爱国元帅命以林制。选陵墓于抚顺萨尔浒铁背山北冈，坐北面南，临清源河，对面直对铁背山翠壁。其环境幽雅，但南北轴线过短，且面山壁	面对铁背山设笔直轴线，清河之阳设献殿，陵墓置于冈地高处。1958年下游建水库水位上升，致使献殿淹没。只有屋顶露出水面	为近代陵墓沿袭中国古代传统布局的一例。由于筹建时间紧迫，选址因素似有疏漏，没有预见到下游修建水库，而淹没献殿。又由于陵墓轴线短而面壁，是地景学上之大忌。现已成为萨尔浒风景旅游及人文历史旅游佳地

附录五 中国地景营建实例干系图（仓颉柏干系模式图）

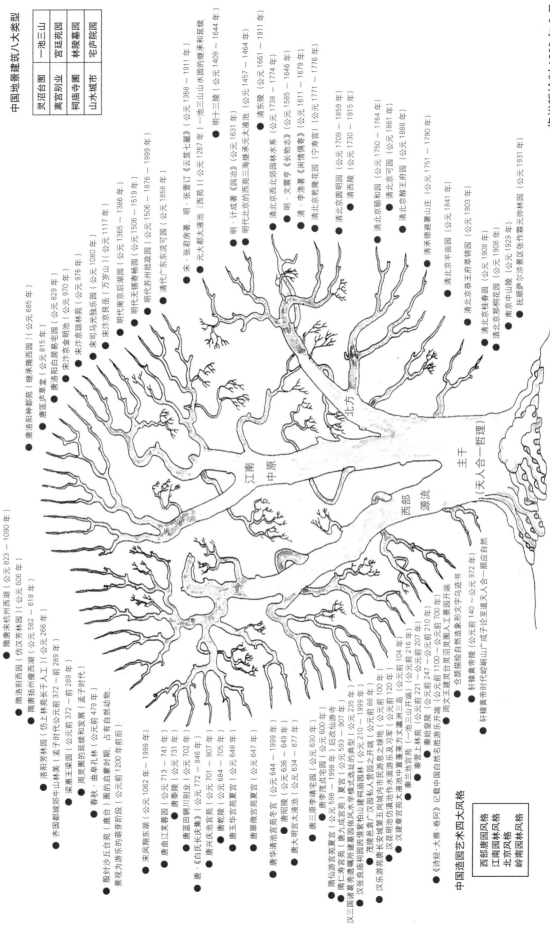

中国地景建筑八大类型

一池三山	
灵沼台囿	宫廷苑园
离宫别业	
祠庙寺园	林陵墓园
山水城市	宅庐院园

佟裕哲绘制 1999年2月

中国造园艺术四大风格

西部唐园风格
江南园林风格
北京风格
岭南园林风格

主干（天人合一哲理）　源流　西部　中原　江南　北方

附录六 中国儒学生态环境与地景文化图

中国儒学生态环境与地景文化图

Diagram Of Chinese Confucian Ecolongical Environment and Landscape Culture

佟裕哲 2010 年绘

中国儒学生态环境与地景文化歌：

伏羲绘八卦，
轩辕造宫室。
圣人手植树①，
仓颉字象形。
神农尝百草，
分类以辨物。
夏禹治洪水，
民可平土居②，
教民守俭朴，
诫贪酒色物③。
周公著周礼，
治国循秩序。
三五八九典④，
儒学为至尊。
孔子登泰山，
远览众山小。
三才天地人⑤，
人依天地存。
宇宙生万物，
龙凤呈吉祥。
龟鹤延年寿，
松柏志常青。
凌霄喜爬柏，
竹林幽雅清。
梅花傲寒雪，
荷花善洁身。
本生与爱类⑥，
任地辨土明⑦，
华胥生阆中⑧，
伏羲诞天水⑨。
昆仑起龙脉，
万水入东流。
山林川谷美，

形胜胜概传⑩。
风水重明堂，
人居宜环境。

注：①公元前 3000 年始，陕西黄帝陵轩辕手植侧柏（七搂八拃半树围），仓颉于白水县植侧柏，老子于周至楼观台植银杏，孔子于曲阜植桧柏，孙思邈于耀县植侧柏，王维于蓝田辋川植银杏。

②中国山地占 61％，平川地占 39％，夏禹治水将洪水排入东海后，人群才向平地移居，开始农耕。回望历史可看出中国的农田和村庄，城市大多都处在 39％的平地上，构成人多地少的概念。

③《尚书》夏禹治水成功后提出："内作色荒，外作禽荒（打猎）。甘酒嗜音，峻宇雕墙。有其一，未或不亡。"

④公元前 3000 年始，著出三皇之书（连山归藏乾坤称三坟）；尧舜典称五典；八卦之说称八索；九州之志称九丘。

⑤公元前 3000 年轩辕与广成子论至道时期，已认识到天地人三才的概念。人以文化认知天地之道，记载天地人三者的依存关系。

⑥《吕氏春秋》提出尊重生命、慈爱物类的生态伦理概念。

⑦《吕氏春秋》后稷农书提出对山林、川泽、丘陵、坟衍、湿地的利用保护和辨别土质以利农耕。

⑧华胥氏生于母系氏族社会时期的四川阆中（嘉陵江中上游中国最早的风水城市）。

⑨华胥氏于天水（甘肃嘉陵江上游）成纪生伏羲。伏羲文化以天水为中心逐渐沿渭水黄河流域向东中部发展。

⑩中国自然地景形胜概念最早见于公元前 313～前 238 年《荀子·强国》的记载："山林川谷美是形胜"。

主要参考文献

[1] 霍想有主编. 伏羲文化 [M]. 北京：中国社会出版社，1994.

[2] 南怀瑾著. 易经杂说 [M]. 北京：中国世界语出版社，1996.

[3] 辛介夫著. 《周易》解读 [M]. 西安：陕西师范大学出版社，1998.

[4] 王国维校. 水经注 [M]. 上海：上海人民出版社，1984.

[5] 张玉良主编. 庄子·在宥篇 [M]. 西安：三秦出版社，1990.

[6] 梁海明译注. 老子 [M]. 沈阳：辽宁人民出版社，1996.

[7] 张觉. 荀子译注·强国 [M]. 北京：中华书局，1984.

[8] 顾炎武. 历代宅京记 [M]. 北京：中华书局，1984.

[9] 地理汇宗——管氏地理指蒙篇 [M]. 广州：广州出版社，1995.

[10] 辞海编辑委员会. 辞海. 上海：上海辞书出版社，1980.

[11] 宋·司马光著，元·胡三省音注. 资治通鉴 [M]. 北京：中华书局，1956.

[12] 佟裕哲著. 陕西古代景园建筑 [M]. 西安：陕西科技出版社，1998.

[13] 唐·魏征等主编. 隋书·高帝本纪 [M]. 北京：中华书局，1973.

[14] 清·陈鸿墀. 全唐文纪事（卷八）[M]. 上海：上海古籍出版社，1995.

[15] 唐·刘肃著. 许德南校. 大唐新语 [M]. 北京：中华书局，1984.

[16] 蒙憬主编. 铜川郊区文史 [R]. 陕西铜川：铜川市郊区委员会文史资料委员会编印，1989.

[17] 周维权著. 中国古典园林史 [M]. 北京：清华大学出版社，1990.

[18] 倪其心等选注. 中国古代游记选 [M]. 北京：中国旅游出版社，1985.

[19] 柏杨著. 中国人史纲 [M]. 北京：同心出版社，2005.

[20] 刘敦桢著. 中国古代建筑史 [M]. 北京：中国建筑工业出版社，1984.

[21] 魏兆环，晏子友编著. 清东陵 [M]. 北京：中国社会科学文献出版社，1995.

[22] 清·毕沅. 关中胜迹图志·卷十八·九成宫醴泉铭 [M]. 西安：陕西科技出版社，1998.

[23] 严复译. 天演论序. 裘仁编. 中国传统文化精华. 上海：复旦大学出版社，1995.

[24] 童寯著. 造园史纲 [M]. 北京：中国建筑工业出版社，1983.

[25] 顾孟潮编. 钱学森论建筑科学 [C]. 北京：中国建筑工业出版社，2010.

[26] 关君蔚著. 运筹帷幄，决胜千里 [M]. 北京：清华大学出版社，2000.

[27] 吴良镛著. 人居环境科学导论 [M]. 北京：中国建筑工业出版社，2001.

[28] 黄文珊. 论文化地景 [J]. 中国园林，2003，（08）.

[29] 赵立瀛著. 陕西古建筑. 西安：陕西人民出版社，1992.

[30] 杨鸿勋. 隋朝建筑巨匠宇文恺的杰作—仁寿宫. 建筑史论文集. 北京：中国建筑工业出版社，1996.

[31] 和红星主编. 古都西安. 北京：中国建筑工业出版社，2006.

[32] 屠舜耕. 西藏建筑艺术 [J]. 建筑学报，1985，（08）.

[33] 王其亨主编. 风水理论研究. 天津：天津大学学报，1989.

跋

华夏文明的起源与发展，伴随着人与自然和谐相处的"天人合一"哲理。中国地景文化历史理论研究，一是挖掘古人认知自然地理环境，形成了地理景象"形胜"的美学内涵，探索中国风景园林学科的基础理论；二是溯源中国地景园林文化历史，认识并重视西部园林文化价值与意义；三是整理历史案例，研究地景文化蕴含的人居环境建设在选址、布局和营建的方法。

中国地景文化起源于黄河流域的华夏文明，包括甘肃天水东部平凉崆峒山，至陕西关中、山西、河南、河北、山东一带[①]，其发展过程，是人类对自然地貌的功用和景象认识的过程[②]。陕西关中地区"八百里秦川"（渭河流域冲积平原），其自然地理气候环境条件，促使农业文明和人居文化的发展，成为自西周以来13代王朝立都之地，从历代城邑都城、宫廷、离宫、别业、苑囿、陵墓、寺院的选址，到布局、营建，成就了中国地景文化思想的形成，成为东方山水美学及园林文化的起源和孕育之地。

这些悠远历史风貌，今天只能表现在其建设基址的历史遗存，花草林木、泉池砌筑更是早已无存。而其营建的空间格局及其所依托的自然地貌地势，留存至今。这种景象显然不同于江南私家园林"小中见大"的园林空间风格，它反映了中国传统地景文化"笼山水为苑"，"因借自然"，"合形辅势"的原型特点和文化寓意，认识和理解这一传统文化价值，对今天的城乡建设、城镇历史风貌保护与再现，有重要的启迪。

一、中国地景文化基本概念内涵的认识

因借自然地理环境人工工程的选址、布局和营建的哲理方法，可体现为"笼山水为苑"、"《易经》相地数理"和"君子与山水比德"三个方面。

1. "笼山水为苑"首先表现为相地选址与人工建筑的布局关系。隋宇文恺营建麟游仁寿宫时，依地景选景定界。笼碧城山和杜水西海、凤台山、堡子山等为内涵，成为"山色苍碧、周环若城"的自然地景形胜为苑。唐阎立德营建终南翠微宫时，也是本着"才假林泉之势，因岩壑天成之妙，借方甸而为助，水态林姿，自然而成"[③]。"笼山为苑"、"包山通苑"、"因山借水"、"才假"、"因岩"和"借甸"等因借自然的理念和方法，这里包含两层含义：

(1) 相地选址时对山、水、林、甸等地景因素的界定，为人工建造布局埋下伏笔。陕西关中地区是广袤的渭河冲积平原，起伏变化的高地自然珍贵，因而地貌条件所决定的方位和景象是相地选址的重要因素，是建筑群体布局和营建所依托的背景和骨架，树林往往与山势同构，而开阔的水体和草甸是展示地貌山势与人工建筑群体所必需的前景条件。山水为苑，林甸为助两者都不可缺少。

(2) 人工建筑及构筑物的体量与地景要素的尺度比例关系十分重要。明代计成的"精在体宜"表达了这种思想。塑造风景应利用自然地景，然后施以人工成景，避免单依人工，"强为造作"。

---

① 佟裕哲. 中国景园建筑图解 [M]. 北京：中国建筑工业出版社，2001.

② 佟裕哲，刘晖. 中国地景建筑理论的研究 [J]. 中国园林，2003(8)：31.

③ 佟裕哲，刘晖. 中国地景建筑理论——美学与数学、哲学的融合 [J]. 中国园林，2003(8)：35.

2. 山形变化与《易经》相地数理。农业文明时期，祈求风调雨顺，由山岳崇拜而来的"形胜"景象成为传统地景文化形成的重要原因。除了"德高如山"伦理学概念之外，《易经》相地学中，以山形地气为重，"山谷异性，平原一气"……"山乘秀气，平乘脊气"，发展到"龙为地气"以龙喻山，进而形成山形气脉的论说，将人工建造融入因山、因势、因阜、因岗的龙脉景象环境，人工与自然一体。所以，今天历史遗存所在的山阜丘地的地景环境模式，其空间范围和视觉景象，均具有完整而原真的保存和展示意义。

3. 君子与山水比德的思想和境界。君子以利比德，孔子在《论语》中引导仁者智者去领悟山水，并以山水隐喻人的仁、智与性格差别，并以水似德。唐代柳宗元"视雍志滞"思想，使地景文化的人文精神与山水景象得以附文传承。

对中国地景文化的思考，寄希望于今天城乡建设的现实意义，也将面对如何创造我们的未来。

二、中国地景文化研究工作经历了三个阶段

师从佟裕哲教授 20 余年，不断理解和发现中国地景文化的价值，也更为钦佩老一辈学者的治学精神。

佟裕哲教授 1951 年毕业于东北大学建筑系，1956 任教于西安。受梁思成先生中国古代建筑文化研究精神的影响和启迪，20 世纪 60～80 年代，开始注意陕西地方景园建筑风格的考察，测绘尚存景园建筑遗址，收集历史文献著作。1983 年发表"中国园林地方风格考"（《建筑学报》1983 年第 7 期）。1985 年创立"西安唐风园林建筑艺术研究会"，同年在西安冶金建筑学院建筑系（今西安建筑科技大学建筑学院）设立"景园教研室"，逐步形成以研究西部景园建筑为方向的教学和研究团队，并招收培养硕士研究生。

20 世纪 90 年代，开展大量而深入的考察测绘工作，发现关中地区汉唐以来景园实例类型丰富，具有一定的理论思想体系，且有传统文脉的连续性。1994 年整理考察测绘案例，梳理汉唐景园思想体系，撰写出版《中国传统景园建筑设计理论》一书。1998 年以"中国西部园林建筑"为主题，先后获国家自然科学基金的两次资助，沿丝绸之路对西部地区景园建筑进行了系统的考察和研究，1998 年整理出版《陕西古代景园建筑》和《新疆自然景观与苑园》，并于 2001 年由中国建筑工业出版社出版《中国景园建筑图解》。

公元 2000 年以来，不断凝练景园建筑的理论思想和体系。期间受吴良镛先生人居环境科学思想的影响，开展对地景学理论思想的探讨，提炼西部园林的思想内涵，并于 2003 年发表《中国地景建筑理论——美学与数学、哲学的融合》（《中国园林》2003 年第八期），提出："中国地景建筑理论起源于西部秦朝时代（公元前 350 年），到隋唐时期（公元 700 年）已形成系统理论。地景学主要是研究人工工程建设中（城市、建筑、园林）如何去结合自然，因借自然（山、水、林木草地构成的生态与景观，以及气候因素等）。中国地景建筑理论有两大特征，一是天人合一观，景观、生态与人文相和谐。二是景观设计美学与数学、哲学相融合。"[①]

近 3 年来，随着学科发展，探索中国地景建筑产生的文化原因。古人对自然环境的认知，从视觉感知、语言绘画表达、专门语汇诞生，到思想观念的形成，最后实现于各种人类的营建工程，是景观文化（Landscape Culture）形成的过程。所以本书试从地景文化角度，再次梳理中国传统地景建筑理论的形成及其历史演变。通过文献资料，捕捉古人认知自然环境形成风景美学的思想内涵，勾勒出中国传统风景园林文化的思想发展脉络，是为《中国地景文化史纲图说》一书编写的思考过程。

刘　晖
2012 年元月 30 日 于西安

① 佟裕哲，刘晖.中国地景建筑理论——美学与数学、哲学的融合 [J].中国园林，2003(8).35.